职业教育示范性规范教材
职业院校技能大赛备赛指导丛书

电机控制与调速技术

庄汉清　主编

Publishing House of Electronics Industry
北京·BEIJING

内 容 简 介

本书是根据职业院校机电技术应用专业主干课程教学大纲，同时参考全国职业院校技能大赛"电机装配与运行检测"项目竞赛规程编写而成的。

本书设置了三相异步电动机控制电路安装与调试、直流电动机控制电路安装与调试、特殊电动机控制电路安装与调试、电机控制与调速技术综合实训四个项目，共十个任务。本书主要内容包括：各种电动机的基本结构与工作原理；电动机控制电路的安装工艺规范与调试方法；继电器、PLC、触摸屏、驱动器等控制技术的综合应用。

本书编写体例新颖、图文并茂，充分体现了项目引领、任务驱动形式的理实一体化教学理念。本书可作为职业院校机电相关专业的教材，也可作为全国职业院校技能大赛"电机装配与运行检测"项目竞赛选手及指导老师的备赛指导书。

图书在版编目（CIP）数据

电机控制与调速技术 / 庄汉清主编. —北京：电子工业出版社，2019.3

ISBN 978-7-121-35895-1

Ⅰ. ①电… Ⅱ. ①庄… Ⅲ. ①电机—控制系统—中等专业学校—教材②电机—调速—中等专业学校—教材 Ⅳ. ①TM3

中国版本图书馆 CIP 数据核字（2019）第 007408 号

策划编辑：白　楠
责任编辑：白　楠　　特约编辑：李云霞
印　　刷：北京虎彩文化传播有限公司
装　　订：北京虎彩文化传播有限公司
出版发行：电子工业出版社
　　　　　北京市海淀区万寿路 173 信箱　　邮编　100036
开　　本：787×1 092　1/16　印张：11.25　字数：288 千字
版　　次：2019 年 3 月第 1 版
印　　次：2024 年 1 月第10次印刷
定　　价：28.00 元

本书编审委员会

（按姓氏笔画排序）

王　冠	方清化	吕子乒	庄汉清	刘小飞	刘海周
许顺隆	杜德昌	李乃夫	李国令	杨　涛	杨　瑞
杨少光	杨森林	邱文楝	汪军明	张　超	陈　忠
陈大路	陈亚琳	陈传周	陈振源	陈继权	林育兹
郑国良	郑振耀	郑捷敏	黄江波	黄海珍	葛金印
程　周	释　聪	曾志斌	曾晓敏	曾祥富	

前　言

在中国共产党第二十次全国代表大会的报告中指出，统筹职业教育、高等教育、继续教育协同创新，推进职普融通、产教融合、科教融汇，优化职业教育类型定位。加强基础学科、新兴学科、交叉学科建设，加快建设中国特色、世界一流的大学和优势学科。"电机控制与调速技术"是机电技术应用专业中的一门主干课程，在教材的开发和编写时，一定要与行业发展、专业特色、教学实际情况相结合，体现产教融合、科教融汇，建设较为完善的课程评价体系。

本书是根据职业院校机电技术应用专业主干课程教学大纲，同时参考全国职业院校技能大赛"电机装配与运行检测"项目竞赛规程编写而成的，可供职业院校机电相关专业的学生使用。"电机控制与调速技术"是职业院校机电技术应用专业的主干课程，内容包括三相异步电动机控制电路安装与调试、直流电动机控制电路安装与调试、特殊电动机控制电路安装与调试、电机控制与调速技术综合实训，主要讲述各种电动机的基本结构与工作原理，变频器、PLC、触摸屏、无刷驱动器、步进驱动器及伺服驱动器等控制器件的使用和操作方法，电动机控制电路的安装与调试。本书具有以下特色：

（1）教材中设置"工作任务—相关知识—完成工作任务指导—工作任务评价表—思考与练习"等版块，突显职业教育特色。

（2）教材内容以电动机控制电路的安装与调试为主线，将传统控制技术、现代控制技术融入其中，突出电机控制与调速技术在工程上的应用。

（3）教材结构体例新颖、图文并茂，文字描述通俗易懂，便于自主学习。

（4）教学模式采用"做中教，做中学"理实一体化形式，强化学生实践能力和技术应用能力的培养。

（5）教学评价采用过程评价体系，充分发挥评价的教育和激励作用，促进学生的全面发展。

本课程建议教学总学时为80～100学时，各部分内容学时分配建议如下：

序　号	教 学 内 容	课 时 分 配
1	项目一　三相异步电动机控制电路安装与调试	26～34
2	项目二　直流电动机控制电路安装与调试	16～18
3	项目三　特殊电动机控制电路安装与调试	16～18
4	项目四　电机控制与调速技术综合实训	18～22
5	附录　YL-163A型电动机装配与运行检测实训考核装置	4～8
	合计	80～100

本书由庄汉清任主编，刘海周、吕子乒任副主编，陈传周、杨森林任主审。参与本书编写工作的还有集美工业学校张乙鹏、王文兴、陈紫晗、石路妹等老师。在本书的编写过程中，得到了亚龙智能装备集团股份有限公司、厦门汇浩电子科技有限公司的协助，并得到了本书编审委员会中各位专家的指导与帮助，在此一并表示衷心感谢！

本书编写过程中参考了相关文献和资料，在此也对相关作者表示衷心感谢！

由于编者水平和经验有限，书中难免存在错误和不当之处，敬请广大读者批评指正，以便及时修订。

编　者

目　　录

项目一　三相异步电动机控制电路安装与调试

现代各种生产机械都广泛应用电动机来拖动，特别是三相异步电动机。由电动机拖动的生产机械，能提高生产效率和产品质量；能实现自动控制和远程操作，减轻繁重的体力劳动。随着变频技术的日益成熟，三相异步电动机的调速控制技术更加广泛地应用于生产实践和日常生活中。

本项目通过完成三相异步电动机正/反转控制电路安装与调试、三相异步电动机降压启动控制电路安装与调试、模拟双速电动机运行控制电路安装与调试、三相异步电动机多段速运行控制电路安装与调试等工作任务，了解电动机的主要结构与工作原理，以及机械特性与运行特性；学会阅读电气控制原理图，并能根据原理图进行电动机控制电路的安装与调试。

通过完成本项目的 4 个工作任务，逐步掌握继电-接触器控制技术、PLC 控制技术和触摸屏控制技术的应用。

任务 1-1　三相异步电动机正/反转控制电路安装与调试

 **工作任务**

某三相异步电动机采用继电-接触器控制方式，按下正转（或反转）启动按钮 SB2（或 SB3），电动机正转（或反转）启动。启动后，按下停止按钮 SB1，电动机停止转动；只有电动机停止转动后才能进行正/反转的切换。电动机正/反转控制电路原理图如图 1-1-1 所示，电气元件布置图如图 1-1-2 所示。

根据控制要求，请完成下列工作任务：

（1）根据电动机正/反转控制电路原理图正确选择电气元件。

（2）根据电气元件布置图安装工业线槽、电气元件。要求器件排列整齐，安装牢固不松动。

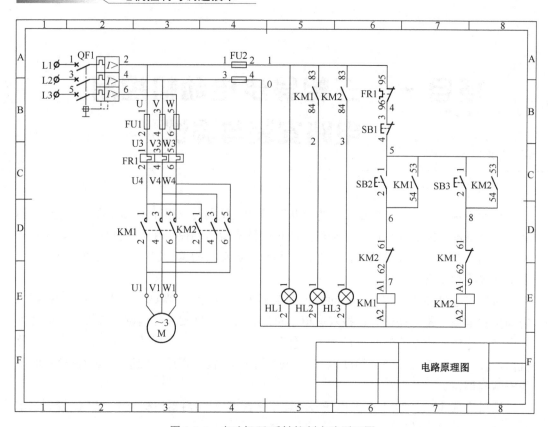

图 1-1-1　电动机正/反转控制电路原理图

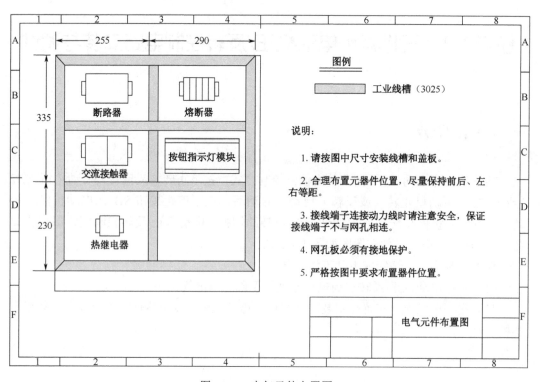

图 1-1-2　电气元件布置图

（3）根据电动机正/反转控制电路原理图安装控制电路。安装电路应符合以下工艺规范要求。

① 连接导线按要求入线槽走线，不能入槽的部分应集中绑扎固定。

② 线槽引出线不凌乱，且 1 个孔引出不超过 2 根导线。

③ 1 个接线端子接线不超过 2 根。

④ 接线端必须压接端针，且压接必须牢固，不能有压皮、露铜、导线损伤等现象。

⑤ 连接导线必须套号码管，编号应与电路图一致，号码管长度适宜、均匀一致（长度不小于 10mm）。

⑥ 主回路导线使用红色导线，控制回路导线使用黑色导线；中性线使用蓝色导线，接地线使用黄绿双色导线；所有导线的横截面积应符合设计要求。

（4）调试控制电路，实现控制要求的所有功能。

 相关知识

一、三相异步电动机

根据电磁原理，把电能转换为机械能的旋转装置称为电动机。电动机种类很多，分类如下图所示。

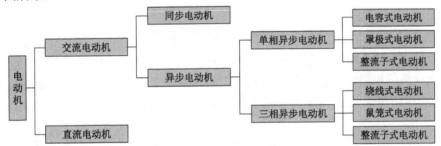

其中，异步电动机的特点是结构简单、制造容易、运行可靠、坚固耐用、运行效率较高、维护方便及成本较低等。它是现代化生产中应用最广泛的一种动力设备。

1. 基本结构

三相异步电动机的基本结构主要是定子部分和转子部分，而鼠笼式和绕线式的区别就在于转子结构的不同。鼠笼式三相异步电动机的结构如图 1-1-3 所示。

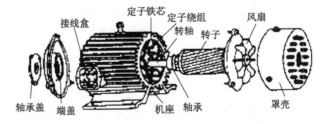

图 1-1-3 鼠笼式三相异步电动机的结构

（1）定子

定子是电动机的固定部分，由定子铁芯、定子绕组和机座等部件组成，定子的作用是产生旋转磁场。

① 定子铁芯

定子铁芯是异步电动机磁路的一部分，装在电动机机座里。定子铁芯均由 0.5mm 厚且表面涂绝缘漆的冷轧硅钢片叠压而成，在铁芯的内圆冲出均匀分布的一定形状的槽，用于嵌放定子绕组。

② 定子绕组

定子绕组是异步电动机的电路部分，由许多线圈按一定的规律连接而成。定子绕组分两种接法：星形接法（U2—V2—W2）和三角形接法（U1—W2、V1—U2、W1—V2），如图 1-1-4 所示。

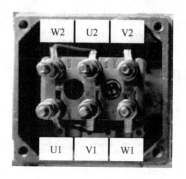

（a）星形接法 　　　　　　　　　　　　　　（b）三角形接法

图 1-1-4　三相异步电动机定子绕组接法

当电源电压等于电动机每相绕组的额定电压时，绕组应采用三角形连接；当电源电压等于电动机每相绕组额定电压的 $\sqrt{3}$ 倍时，绕组应采用星形连接。在我国，3～4kW 及以下的较小电动机规定三相绕组接成星形，较大的电动机都规定接成三角形。

③ 机座

机座即电动机的外壳，由铸铁铸造或钢板焊接而成，其作用主要是支撑定子铁芯和固定端盖。为了能扩大散热面积，增强散热效果，机座外壳上均设有散热筋。

（2）转子

转子是电动机的旋转部分，由转子铁芯、转子绕组和转轴等构成，其作用是通过转子电流与旋转磁场作用产生电磁转矩。

① 转子铁芯

转子铁芯也是电动机磁路的一部分，由 0.5mm 厚的硅钢片叠压而成。硅钢片外圆周上冲有槽形，以便浇铸或嵌放转子绕组。铁芯固定在转轴上。

② 转子绕组

转子绕组处于转子铁芯的槽中，其作用是产生感应电动势和感应电流，并产生电磁转矩。按其结构形式的不同，转子绕组可分为鼠笼式和绕线式两种。

鼠笼式转子绕组：在转子的每个槽中插入一根铜条，铜条两端再用铜质端环焊接起来形成一个鼠笼的样子，即铜条转子。小容量异步电动机的转子绕组还可以采用铸铝工艺将转子槽内的导条、端环和风扇叶片一次浇铸而成，称为铸铝转子。

鼠笼式转子绕组如图 1-1-5 所示。

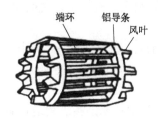

（a）铜条笼式绕组　　　　　　（b）铸铝笼式绕组

图 1-1-5　鼠笼式转子绕组

　　绕线式转子绕组：与定子绕组相似，转子绕组也做成三相，嵌入铁芯槽内。转子绕组一般接成星形，三根引出线分别接到转轴上的三个与转轴绝缘的集电环上，通过电刷装置与外电路相连。若在外电路中串入三相变阻器，则可改善异步电动机的启动性能和调速性能。

　　绕线式转子绕组及接线图如图 1-1-6 所示。

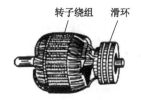
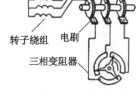

（a）绕线式转子绕组　　　　　　（b）绕线式转子绕组接线图

图 1-1-6　绕线式转子绕组及接线图

　　③ 转轴

　　转轴一般由中碳钢或合金钢制成，其作用是支撑转子和输出机械转矩，因此要求它有一定的机械强度。

　　异步电动机定子铁芯与转子铁芯之间存在一定大小的空气间隙，称为气隙。气隙的大小对异步电动机的运行性能影响极大：气隙过大，异步电动机的励磁电流大，功率因数会降低；气隙过小，装配困难，运行不可靠。

　　2. 铭牌

　　每台异步电动机的机座上都装有一块铭牌，如图 1-1-7 所示。铭牌上标注着该电动机的型号、额定值等主要技术参数。它是选择、安装、使用和修理电动机的重要依据。

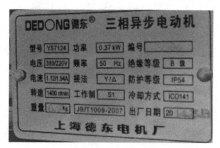

图 1-1-7　三相异步电动机的铭牌

下面以 YS7124 型电动机为例，说明铭牌上各个数据的意义。

（1）型号

YS7124 型电动机的型号说明：YS 为小功率三相异步电动机；71 为机座中心高（mm）；2 为铁芯长度代号；4 为电动机磁极数。

（2）额定值

① 额定功率。额定功率是指满载运行时三相异步电动机轴上所输出的机械功率，用 P_N 表示，以千瓦（kW）或瓦（W）为单位。

② 额定电压。额定电压是指接到三相异步电动机绕组上的线电压，用 U_N 表示，以伏（V）为单位。一般规定电动机的电压不应高于或低于额定值的 5%。

③ 额定电流。额定电流是指三相异步电动机在额定电压输出额定功率时，流入定子绕组的线电流，用 I_N 表示，以安（A）为单位。三相异步电动机的额定功率与其他额定值之间的关系可表达为

$$P_N = \sqrt{3} U_N I_N \cos\varphi_N \eta_N$$

式中，$\cos\varphi_N$ ——额定功率因数；

η_N ——额定效率。

④ 额定频率。额定频率是指三相异步电动机所用电源的频率，用 f_N 表示，以赫兹（Hz）为单位。我国规定标准电源频率（工频）为 50Hz。

⑤ 额定转速。额定转速是指三相异步电动机在额定工作状况下运行时每分钟的转速，用 n_N 表示，一般略小于对应的同步转速。

（3）绝缘等级

绝缘等级是按三相异步电动机绕组所用的绝缘材料在使用时允许的最高工作温度来分级的，分为 A、E、B、F、H、C、N、R 共 8 个等级，各等级对应的最高工作温度见表 1-1-1。

表 1-1-1　绝缘等级对应的最高工作温度

等　　级	A	E	B	F	H	C	N	R
温度/℃	105	120	130	155	180	200	230	240

（4）工作制

工作制是指电动机允许持续使用的时间，分为连续、短时和周期断续三种，分别用符号 S1、S2、S3 来表示。

（5）定子绕组接法

定子绕组的连接方法有星形（Y）和三角形（△）两种。这是指定子三相绕组的接法。将 U2、V2、W2 连接在一起，其余三端 U1、V1、W1 分别与电源 L1、L2、L3 相连接，称为星形接法；将 U1—W2、V1—U2、W1—V2 首尾端相连接，三个连接点再与电源 L1、L2、L3 相连接，称为三角形接法。

（6）防护等级

防护等级是指三相异步电动机外壳的防护等级，用 IP□□表示。其中，IP 为防护等级标志符号，其后面的两位数字分别表示电动机防固体和防水的能力。防固体能力分为 7 级，防水能力分为 9 级，各级含义见表 1-1-2。

表 1-1-2 三相异步电动机外壳的防护等级

等 级	名 称	防 护 性 能	
第一位数字	0	无防护	没有专门防护
	1	防护直径大于50mm的固体	能防止直径大于 50mm 的固体异物进入壳内; 能防止人体的某一部分(如手)偶然或意外地触及壳内带电或转动部分,但不能防止有意识地接近这些部分
	2	防护直径大于12mm的固体	能防止直径大于 12mm、长度不大于 80mm 的固体异物进入壳内; 能防止手指触及壳内带电或转动部分
	3	防护直径大于2.5mm的固体	能防止直径大于 2.5mm 的固体异物进入壳内; 能防止厚度或直径大于 2.5mm 的工具、金属线等触及壳内带电或转动部分
	4	防护直径大于1mm的固体	能防止直径大于 1mm 的固体异物进入壳内; 能防止厚度或直径大于 1mm 的工具、金属线,或者类似的物体触及壳内带电或转动部分
	5	防尘	不能完全防止尘埃进入,但进入量不足以达到妨碍电动机运行的程度; 完全防止触及壳内带电或转动部分
	6	尘密	完全防止尘埃进入壳内;完全防止触及壳内带电或运动部分
第二位数字	0	无防护	没有专门防护
	1	防滴	垂直的滴水对电动机无有害的影响
	2	15°防滴	与沿垂线成 15°范围内的滴水对电动机无有害的影响
	3	防淋水	与沿垂线成 60°或小于 60°范围内的滴水对电动机无有害的影响
	4	防溅	任何方向的溅水对电动机无有害的影响
	5	防喷水	任何方向的喷水对电动机无有害的影响
	6	防海浪或防强力喷水	强海浪或强力喷水对电动机无有害影响
	7	浸入	在规定压力和时间浸入水中对电动机无有害影响
	8	潜水	按规定条件,长期潜水对电动机无有害影响

3.工作原理

(1)旋转磁场的产生

我们知道,载流导体在磁场中会受到电磁力的作用,而力对线圈转轴形成电磁转矩,这个转矩会使线圈在磁场中转动。电动机就是根据这一原理工作的。

以定子三相 6 槽结构为例,槽中嵌放着在空间上互差 120°的三相对称绕组 U_1U_2、V_1V_2、W_1W_2。当绕组接通三相电源时,在三相绕组中有三相对称电流产生,如图 1-1-8 所示。三相交流电产生各自的交变磁场,三相磁场合成为一个两极旋转磁场,旋转磁场的产生过程见表 1-1-3。

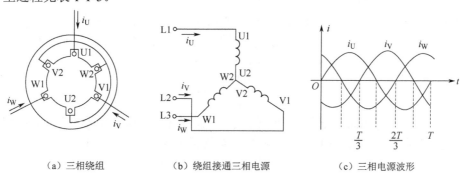

(a)三相绕组　　　(b)绕组接通三相电源　　　(c)三相电源波形

图 1-1-8 电动机定子绕组与三相对称电源

表 1-1-3　两极旋转磁场的产生过程

波形图				
时刻	$t=0$	$t=T/3$	$t=2T/3$	$t=T$
三相绕组电流				
旋转磁场				
	（a）	（b）	（c）	（d）

设备绕组中电流参考方向为从首端流入、末端流出，分别用 $\otimes$ 和 $\odot$ 表示。下面分析交流电变化一个周期旋转磁场的变化情况。

① 当 $t_1=0$ 时，$i_U=0$，U1U2 绕组没有电流；$i_V<0$，电流从末端 V2 流入，从首端 V1 流出；$i_W>0$，电流从首端 W1 流入，从末端 W2 流出。根据右手螺旋定则，合成磁场的方向如表 1-1-3 中的图（a）所示。

② 当 $t_2=T/3$ 时，$i_V=0$，$i_U>0$，$i_W<0$，三相电流的合成磁场如表 1-1-3 中的图（b）所示。这时的磁场已经顺时针旋转了 120°。

③ 当 $t_3=2T/3$ 时，$i_W=0$，$i_V>0$，$i_U<0$，三相电流的合成磁场如表 1-1-3 中的图（c）所示。这时的磁场又顺时针旋转了 120°。

④ 当 $t_4=T$ 时，三相电流的合成磁场如表 1-1-3 中的图（d）所示，又旋转了 120°，这时的磁场回到了 $t_1=0$ 时刻，如表 1-1-3 中图（a）所示的位置。

由以上分析可知：电流变化一个周期，两极旋转磁场在空间旋转一周。可以证明，定子旋转磁场为 2 对磁极时，电流变化一个周期，旋转磁场仅旋转 1/2 周。以此类推，可得具有 p 对磁极的旋转磁场的转速，即同步转速为

$$n_1=\frac{60f_1}{p}\ \text{r/min}$$

上式表示，旋转磁场的转速 n_1 取决于电源频率 f_1 和电动机的磁极对数 p。我国工频 $f_1=50\text{Hz}$，根据此式可得出对应于不同磁极对数的同步转速，见表 1-1-4。

表 1-1-4　同步转速

磁极对数 p	1	2	3	4	5	6
同步转速 n_1（r/min）	3000	1500	1000	750	600	500

从对旋转磁场的产生过程分析还可知：旋转磁场转向与通入电动机电源相序一致。

（2）转动原理

如图 1-1-9 所示，设转子不动，旋转磁场以同步转速 n_1 沿顺时针方向旋转。这时，转子与旋转磁场有相对运动，即转子导体以逆时针方向切割磁感线，使转子导体中产生感应电动势，方向可用右手定则判定。由于转子导体的两端由端环连通形成闭合回路，因而感应电动势将在转子导体中产生与感应电动势方向基本一致的感应电流。载有电流的转子导体，在旋转磁场中受到电磁力 F 的作用，其方向用左手定则确定。电磁力将对转轴产生电磁转矩 T，它使转子以速度 n 沿着磁场的旋转方向旋转。

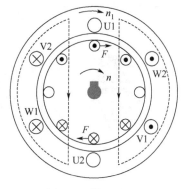

图 1-1-9　转动原理图

所以，三相异步电动机接通三相交流电源后会转动起来，就是这个道理。

（3）转差率

电动机同步转速与电动机转速的差 $\Delta n = n_1 - n$，称为转差。转差与同步转速之比称为异步电动机的转差率 s，即

$$s = \frac{n_1 - n}{n_1} \times 100\%$$

转差率是异步电动机的重要指标，它表示异步电动机的异步程度，即 s 越大，n 与 n_1 的差异越大。

在额定状态下运行时的转差率称为额定转差率，其值一般为 $s_N = 0.02 \sim 0.07$。

二、常用低压电器

在现代生产过程中，对电路进行通、断控制，起保护和调节作用的，用于交流 1200V 以下或直流 1500V 以下电路中的电气设备称为低压电器。部分常用低压电器见表 1-1-5。

表 1-1-5 部分常用低压电器

序号	名称	外 形 图	结构示意图	电路符号	说　明
低压开关					
1	HK系列开启式负荷开关		瓷柄　静触头　动触头　瓷底　胶盖　熔丝接头	QS	开启式开关，也称瓷底胶盖闸刀开关，由刀开关和熔断器组成。它用于照明、电热设备和功率小于 4.5kW 的异步电动机直接启动的控制电路中，用于手动不频繁地接通或断开电路。刀开关的选用主要考虑负载类型、电压等级、所需触点及额定电流
2	HH系列封闭式负荷开关			QS	封闭式负荷开关又称铁壳开关，主要用于手动不频繁地接通和断开带负载的电路，也可用于控制 15kW 及以下的交流电动机不频繁地直接启动和停止，适用于工矿企业、农业排灌、施工工地等场合
3	组合开关			QS	组合开关也是一种刀开关，多用于机床控制电路作为电源引入开关，也可用于不频繁地接通和断开电路，切换电源和负载，以及控制小容量的电动机正/反转或星-三角启动
4	低压断路器			QF	低压断路器又称自动空气开关，简称断路器。它集控制和多种保护功能于一体。当电路中发生短路、过载和失压等故障时，它能自动跳闸，切断故障电路。断路器分为塑壳式、框架式和漏电保护式

序号	名称	外 形 图	结构示意图	电路符号	说 明
			低压熔断器		
5	熔断器			 FU （三极） FU （单极）	熔断器是低压电路和电动机控制电路中最简单、最常用的过载和短路保护电器，主要由熔体和熔管两部分组成。当电路发生过载或短路时，大电流将熔体迅速熔化，分断电路起保护作用。常用的熔断器有瓷插式、螺旋式、无填料封闭式、有填料封闭式、自复式等几种。 　用于照明及电热设备的熔断器，其熔体额定电流应等于或大于负载的额定电流；用于单台电动机保护时，熔体电流为电动机额定电流的 1.5～2.5 倍；用于多台电动机时，熔体的额定电流应为最大一台电动机额定电流的 1.5～2.5 倍，再加上其余电动机额定电流的总和
			继电器		
6	热继电器			 FR	热继电器主要由热元件、触点系统、动作机构、复位按钮和整定电流装置等组成。它利用电流的热效应原理来对电动机或其他用电设备进行过载保护。 　选型时，当电动机定子绕组采用星形连接时，选择两相或三相结构；采用三角形连接时，选择三相带断相保护装置结构。额定电流可按电动机额定电流的 1.1～1.5 倍选择，保护动作电流整定电流值一般应等于电动机的额定电流

序号	名称	外 形 图	结构示意图	电 路 符 号	说 明
			继电器		
7	时间继电器	（空气阻尼式） （电子式）	 瞬时触头 弹簧片 铁芯 衔铁 反作用弹簧 线圈 杠杆 延时触点 调节螺钉 推板 推杆 宝塔弹簧	KT （通电延时型） KT （断电延时型）	时间控制就是采用时间继电器使两个电器的动作有一定的时间间隔，或需要延迟一定时间接通或分断某些电路。它利用电磁原理、电子线路或机械动作原理实现触点延时接通或断开。它分为通电型和断电型两种；按结构和工作原理不同，分为空气阻尼式、电磁阻尼式、电动式和电子式等多种。 空气阻尼式可通过旋转延时螺钉调节进气口的大小而得到不同的延时时间；电子式则通过转动旋钮即改变 RC 充电时间来设置延时时间的长短
8	中间继电器			KA	中间继电器主要在电路中起信号传递与转换作用，可用于实现多路控制，并可将小功率的控制信号转换为大容量的触点动作。其结构与接触器的结构相同，不同的是触点数多，但触点容量小，没有主触点
			接触器		
9	交流接触器		 L1 L2 L3 主触头 熔断器 动铁芯 电动机线圈 静铁芯 按钮	KM	交流接触器是一种依靠电磁力的作用，可通过触点频繁地接通和分断电动机或其他用电设备电路的自动电器。它具有动作迅速、操作方便、低电压释放和便于远程控制等优点。它主要由触点系统、电磁系统、灭弧装置及辅助部件等组成

续表

序号	名称	外　形　图	结构示意图	电　路　符　号	说　　明
接触器					
9	交流接触器				选用时，主触点额定电流应大于主电路的最大电流；线圈的额定电压应与控制回路电压一致
主令电器					
10	控制按钮			SB	控制按钮是一种手动控制电器，它只能短时接通或分断 5A 以下的小电流电路；向其他电器发出指令性的信号，控制其他电器动作。它由钮帽、复位弹簧、动断触点等组成
11	行程开关		滚轮 动触点 静触点 静触点	SQ	行程开关又称限位开关，是一种利用生产机械某些运动部件的碰撞来发出控制指令的主令电器，用于控制生产机械的运动方向、行程大小或位置保护。按其运行形式可分为直动式和旋转式两种

三、三相异步电动机正/反转控制电路

在生产中，许多机械往往要求运动部件能向正、反两个方向运动。例如，机床工作台的前进与后退，万能铣床主轴的正转与反转，起重机吊钩的上升与下降等。这些生产机械要求电动机能实现正/反转控制。

根据电动机的工作原理，当改变通入电动机定子绕组的三相电源相序，即把接入电动机三相电源进线中的任意两相对调接线时，电动机就可以反转。

图 1-1-1 是三相异步电动机正/反转控制电路原理图。图中 QF1 是电源开关，控制整个电路电源的通断；FU1 是主电路短路保护的熔断器，FU2 是控制电路短路保护的熔断器；KM1、KM2 分别是控制电动机正、反转运行的交流接触器；SB1、SB2、SB3 分别是控制电动机停止、正转、反转的按钮；FR1 是提供电动机过载保护的热继电器。控制过程分析如下：

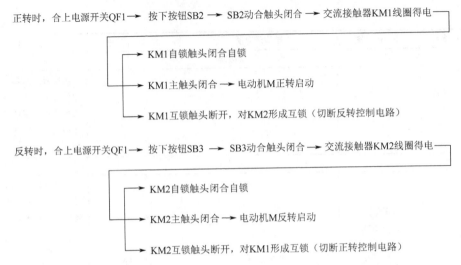

正转时,合上电源开关QF1 → 按下按钮SB2 → SB2动合触头闭合 → 交流接触器KM1线圈得电 ─┐

→ KM1自锁触头闭合自锁

→ KM1主触头闭合 → 电动机M正转启动

→ KM1互锁触头断开,对KM2形成互锁（切断反转控制电路）

反转时,合上电源开关QF1 → 按下按钮SB3 → SB3动合触头闭合 → 交流接触器KM2线圈得电 ─┐

→ KM2自锁触头闭合自锁

→ KM2主触头闭合 → 电动机M反转启动

→ KM2互锁触头断开,对KM1形成互锁（切断正转控制电路）

停止时,按下按钮SB1即可。

该控制电路用两个交流接触器来进行电源相序的切换,为防止两个接触器同时吸合,电路中设置了接触器的电气互锁,即电动机正转（或反转）时,接触器 KM1（或 KM2）通电,其动断触点断开,切断反转（或正转）控制支路,使反转接触器 KM2（或正转接触器 KM1）不能通电,以避免电源短路。

 【阅读材料】

电气图的识读与电路检测

一、电气图的识读

电气图主要包括电气控制电路原理图、电气元件布置图和电气安装接线图。电气图必须采用国家统一规定的电气图形符号和文字符号绘制。

1. 原理图的识读

原理图是根据生产机械运动形式对电气控制系统的要求,采用国家统一规定的电气图形符号和文字符号,按照电气设备和电器的工作顺序,详细表示电路、设备或成套装置的全部基本组成和连接关系,而不考虑其大小和实际安装位置的一种简图。

原理图能充分表达电气设备和电器的用途、作用与工作原理,是电气线路安装、调试和维修的理论依据。要了解电动机的控制,应先学会识读原理图。

（1）原理图一般分为电源电路、主电路和辅助电路三部分。电源电路画成水平线,三相交流电源相序 L1、L2、L3 自上而下依次画出;电动机回路为主电路,一般画在左边;继电器、接触器线圈、PLC 等控制器为辅助电路,一般画在右边。

（2）接触器的触点按电路未通电时的状态画出;按钮、行程开关等也按未受外力作用时的状态画出。

（3）同一电气设备的不同元件,根据其作用画在不同位置,但用相同的文字符号标注;多个同种电气设备使用相同的文字符号,但必须标注不同的序号加以区别。

（4）原理图中的编号法则。

① 主电路的编号从电源开关的出线端开始按相序依次为 U11、V11、W11，然后按从上至下、从左至右的顺序，每经过一个电气元件，编号就要递增，如 U12、V12、W12，U13、V13、W13 等。单台三相异步电动机的三根引出线按相序依次编号为 U、V、W。有多台电动机时，在字母前用不同的数字加以区别，如 1U、1V、1W，2U、2V、2W 等。

② 辅助电路的编号按"等电位"原则以从上至下、从左至右的顺序用数字依次编号，每经过一个电气元件，编号依次递增。控制电路编号的起始数字是 1；照明电路编号的起始数字是 101；指示电路编号的起始数字是 201。

2. 布置图的识读

电气元件布置图是根据电气元件在控制板（盘）上的实际位置，采用简化的图形符号绘制的一种简图。它不涉及各电气元件的结构和原理等，用于表示电气元件的排列和位置。

3. 接线图的识读

电气安装接线图是根据设备和电气元件的实际位置与安装情况绘制的，在图中标出导线类型、规格、线号、端子号等内容，以便于工程技术人员安装、接线和检测电路。

二、电路检测

完成电路接线后，一定要做好电路通电前的检测工作，以避免因发生短路或断路现象使电路无法正常工作。检测电路最简便的方法就是电阻测量法，即在电路不通电的情况下，将万用表打到电阻 R×1 或 R×10 挡，对电路的通断进行检测，从而判断故障发生的位置。

对图 1-1-10 所示电路，利用万用表的电阻挡测量 U12—V12 两点间的电阻。这时，电阻应为无穷大。然后按下 SB2（或 SB3）不放，这时若电阻为 1000Ω 左右（指交流接触器线圈电阻），则线路正常；若电阻为 0，则说明电路出现短路；若电阻为无穷大，则表明电路出现断路故障。然后，逐一测量"U12"与"1""2"…之间的电阻值或"V12"与"7""6"…之间的电阻值。

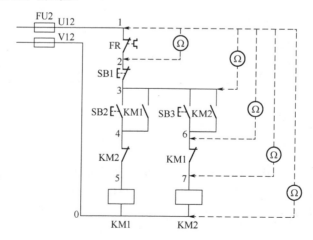

图 1-1-10　电阻检测方法示意图

当测量到某一个编号时，若电阻突然增大，则说明从该测量点到前一测量点的这段电路存在断点故障。

电路图中"3"与"4"或"3"与"6"之间本身是断开的，所以在测量电阻时要人为按下按钮 SB2（SB3）或交流接触器 KM1（KM2）的测试按钮。如果按下按钮后电路不通，则说明按钮有断路故障；如果按下交流接触器的测试按钮电路不通，则说明交流接触器的辅助触点有断点故障。

 # 完成工作任务指导

一、工具与器材准备

1. 工具

活动扳手、内六角扳手、直角尺、游标卡尺、橡胶锤、钢锯、剪刀、螺钉旋具、剥线钳、压线钳等。

2. 器材

实训台、万用表、兆欧表、钳形表、工业线槽、1.0mm² 红色和蓝色多股软导线、1.0mm² 黄绿双色 BVR 导线、0.75mm² 黑色和蓝色多股导线、冷压接头 SVϕ1.5-4、号码管、缠绕带、捆扎带，其他器材清单见表 1-1-6。

表 1-1-6　器材清单表

序　　号	名　　称	型号/规格	数　　量
1	三相异步电动机	YS7124	1 台
2	断路器	R05/6A	1 只
3	三极熔断器	RT18-32 3P/熔体 6A	1 只
4	两极熔断器	RT18-32 2P/熔体 6A	1 只
5	热继电器	JR36-20　1.5～2.4A	1 只
6	交流接触器	CJX2-0910/220V	2 只
7	辅助触头	F4-22	2 只
8	按钮指示灯模块	—	1 只
9	接线端子排	TB-1512	3 条
10	安装导轨	C45	若干

二、控制电路安装

1. 元器件选择与检测

根据图 1-1-1 所示电路原理图和表 1-1-6 所列器材清单表，正确选择本次工作任务所需的元器件，并对所有元器件的型号、外观及质量进行检测。

2. 线槽和元器件安装

（1）线槽安装

根据图 1-1-2 所示电气元件布置图中线槽的尺寸，用钢尺量好尺寸后，将线槽夹在

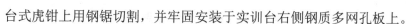

台式虎钳上用钢锯切割，并牢固安装于实训台右侧钢质多网孔板上。

（2）元器件安装

将已检测好的元器件按图 1-1-2 所示的位置排列放置，并安装固定。

（3）电动机安装

三相异步电动机安装步骤：

① 用内六角扳手安装底座；

② 用游标卡尺定位并固定底座；

③ 用内六角扳手安装电动机通用底板；

④ 用扳手紧固电动机机座。

3．控制电路接线

根据控制电路原理图和电气元件布置图，按接线工艺规范要求完成：

① 控制电路板上主电路的接线；

② 控制电路板上辅助电路的接线；

③ 三相异步电动机的接线。

三、控制电路调试

1．电路检查

（1）检查电路接线是否正确，有无漏接、错接之处；检查导线接点是否符合要求，号码管编号与原理图是否一致。

（2）用万用表 R×1 或 R×10 挡检查电路的通/断情况，防止短路故障的发生。

（3）用兆欧表检查电路的绝缘电阻值，应小于 2MΩ。

2．通电试车

在通电试车时，必须有指导老师在现场监护！

（1）接通实训台总电源，顺时针旋转三相调压器旋钮，将三相电源电压调至 220V（三相监控仪表电压读数应显示为127V）。

（2）合上控制电路总开关 QF1（图 1-1-1），接通控制电路电源。

（3）根据电路原理图（图 1-1-1），按下按钮 SB2（或 SB3），使电动机转动起来；按下按钮 SB1，使电动机停止转动。

操作时应注意观察：接触器动作是否正常，电路是否符合功能要求，电动机转动方向是否正确（面向电动机主轴，逆时针方向转动为正转）。

当电动机运转平稳后，用钳形电流表测量三相异步电动机空载电流。

在观察过程中，若发现异常现象，应及时停电进行检修。检修完毕，经指导老师同意后方可再次通电试车。

在通电试车成功后，请将电路调试情况填写在表 1-1-7 中。

（4）在通电试车结束后，断开电源总开关，拆卸电路，整理实训台。拆线时，先拆三相电源线，再拆电动机线，最后拆导线和元器件等。

表 1-1-7　接触器动作及电动机运行情况记录表

序　号	按 钮 动 作	交流接触器 KM1	交流接触器 KM2	三相异步电动机 M
1	按下 SB2			
2	按下 SB1			
3	按下 SB3			
4	按下 SB1			
电动机空载电流	$I_U=$		$I_V=$	$I_W=$

四、工作任务评价表

请填写三相异步电动机正/反转控制电路安装与调试工作任务评价表，见表 1-1-8。

表 1-1-8　三相异步电动机正/反转控制电路安装与调试工作任务评价表

序号	评价内容	配分	评价细则	学生评价	老师评价
1	工具与器材准备	10	（1）工具少选或错选，扣 2 分/个； （2）元器件少选或错选，扣 2 分/个		
2	电路安装	40	（1）元器件检测不正确或漏检，扣 2 分/个； （2）工业线槽不按尺寸安装或安装不规范、不牢固，扣 5 分/处； （3）元器件不按图纸位置安装或安装不牢固，扣 2 分/处； （4）电动机安装不到位或不牢固，扣 10 分； （5）不按控制电路原理图接线，扣 20 分； （6）接线不符合工艺规范要求，扣 2 分/条； （7）损坏导线绝缘层或线芯，扣 3 分/条； （8）导线不套号码管或不按图纸编号，扣 1 分/处		
3	电路调试	40	（1）通电试车前未做电路检查工作，扣 15 分； （2）电路未做绝缘电阻检测，扣 20 分； （3）万用表使用方法不当，扣 5 分/次； （4）通电试车不符合控制要求，扣 10 分/项； （5）记录表未填写或填写不正确、不完整，扣 1 分/处； （6）通电试车时，发生短路跳闸现象，扣 10 分/次		
4	职业与安全意识	10	（1）未经允许擅自操作或违反操作规程，扣 5 分/次； （2）工具与器材等摆放不整齐，扣 3 分； （3）损坏器件、工具或浪费材料，扣 5 分； （4）完成工作任务后，未及时清理工位，扣 5 分； （5）严重违反安全操作规程，取消考核资格		
	合计	100			

思考与练习

一、填空题

1. 由电动机拖动的生产机械，能提高_____和产品质量；能实现_____和远程操作。随着_____技术的日益成熟，三相异步电动机的调速控制技术更加广泛地应用于生产实践和日常生活中。

2. 根据电磁原理，把_____转变为_____（能量形式）的旋转装置称为电动机。三相异步电动机具有_____、_____、_____、_____、_____、运行效率较高、维护方便及成本较低等优点，它是现代化生产中应用最广泛的一种_____设备。

3. 三相异步电动机的基本结构主要是_____部分和_____部分。前者的作用是产生_____，后者是产生_____。

4. 请写出如图 1-1-11 所示鼠笼式三相异步电动机结构中各部件的名称：1_____；2_____；3_____；4_____；5_____；6_____；7_____；8_____；9_____；10_____；11_____。

图 1-1-11　鼠笼式三相异步电动机的结构

5. 三相异步电动机的定子绕组有两种接法：当电源电压等于电动机每相绕组的额定电压时，绕组应采用_____连接；当电源电压等于电动机每相绕组额定电压的 $\sqrt{3}$ 倍时，绕组应采用_____连接。

6. 电动机铭牌上标注着电动机的型号、额定值等主要技术数据，它是选择、使用和修理电动机的重要依据。其中额定值一般指_____、_____、_____、_____和_____。

7. 指出图 1-1-12 中电气元件的名称，并填写在横线上。

_____　　_____　　_____　　_____

图 1-1-12　电气元件

二、简答题

1. 安装电路应符合哪些工艺规范要求？

2. 电动机铭牌中绝缘等级 A、B、C 对应的最高工作温度分别是多少？IP54 中各符号分别表示什么？

3. 交流接触器由几部分组成？简述其工作原理。

4. 简述图 1-1-1 所示控制电路的工作原理。哪些设备是由正/反转控制电路完成控制的？

三、实操题

控制要求：按下按钮 SB2，三相异步电动机正转；按下按钮 SB3，电动机反转。电动机正转或反转运行时，按下按钮 SB1，电动机停止转动。根据控制要求，请完成以下工作任务：

（1）画出控制电路原理图，并简述其工作原理。

（2）安装并调试控制电路。

（3）在调试电路时，发现电动机正转时按下 SB1 能停车，反转时按下 SB1 不能停车。这是为什么？

任务 1-2　三相异步电动机降压启动控制电路安装与调试

工作任务

某三相异步电动机采用 PLC 控制方式，按下启动按钮 SB1，电动机以绕组星形接法降压启动，延时 5s 后自动切换至绕组三角形接法全压运行（交流接触器切换时间为 0.4s）；按下停止按钮 SB2，电动机立刻停止转动。电动机降压启动控制电路原理图如图 1-2-1 所示，电气元件布置图如图 1-2-2 所示。

根据控制要求，请完成下列工作任务：

（1）根据电动机降压启动控制电路原理图正确选择电气元件。

（2）根据电气元件布置图安装工业线槽、电气元件。要求器件排列整齐，安装牢固不松动。

（3）根据电动机降压启动控制电路原理图安装控制电路，安装电路应符合工艺规范要求。

（4）根据控制要求，编写 PLC 程序。

（5）调试控制电路，实现控制要求的所有功能。

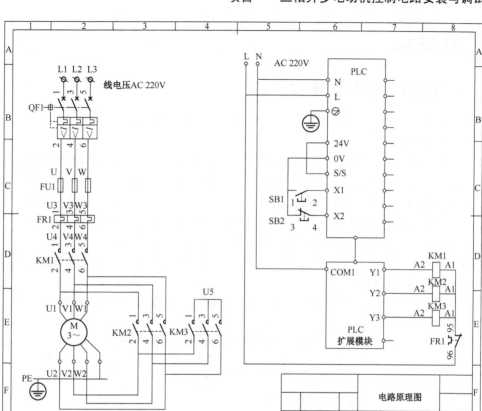

图 1-2-1　电动机降压启动控制电路原理图

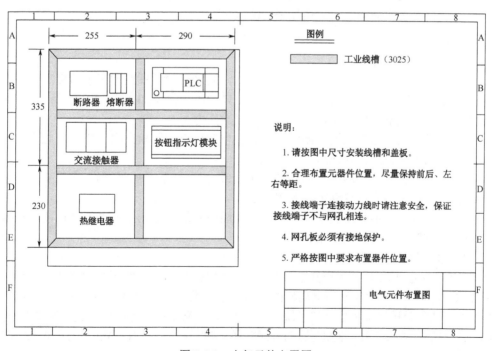

图 1-2-2　电气元件布置图

相关知识

一、三相异步电动机的启动

电动机接通电源后，转子由静止状态加速至稳定运行状态的过程称为启动。

1. 直接启动

直接启动也称全压启动，是指电动机启动时加在定子绕组上的电压为电动机的额定电压。它的优点是所用电气设备少、线路简单、维修量少。启动时，用刀开关、电磁启动器或接触器将三相电源直接连接到电动机的三相定子绕组上即可。它的缺点是启动电流很大，一般为额定电流的 4～7 倍。这样大的启动电流，对于频繁启动的电动机将会造成绕组过热而烧坏。另外，在电源变压器容量不够大、电动机功率较大的情况下，直接启动将会导致电源变压器输出电压下降，严重影响同一供电线路中其他电气设备的正常运行和增大线路上的损耗。

一般情况下，电源容量在 180kV·A 以上、电动机功率在 7.5kW 以下的三相异步电动机可采用直接启动。

判断一台电动机能否直接启动，可以用下面的经验公式来确定：

$$\frac{I_{ST}}{I_N} \leqslant \frac{1}{4}\left[3 + \frac{S}{P}\right]$$

式中，I_{ST}——电动机全压启动电流（A）；

I_N——电动机额定工作电流（A）；

S——电源变压器容量（kV·A）；

P——电动机功率（kW）。

凡不满足直接启动条件的，均须采用降压启动。

2. 降压启动

（1）降压启动概述

降压启动的目的是减小启动电流。启动时，通过启动设备使加在电动机定子绕组上的电压低于额定电压，待转速升高到接近额定转速时，再将加在电动机上的电压恢复到额定电压，以保证电动机在正常工作时带负载的能力。

降压启动在减小启动电流的同时，也会使电动机启动转矩大幅下降。因此，这种启动方法只适用于空载或轻载情形。

鼠笼式电动机一般采用定子回路串电抗（或电阻）、星形-三角形、自耦变压器等降压启动方法。这三种降压启动方法见表 1-2-1。

绕线式电动机一般采用转子回路中串接电阻或频敏变阻器来改善启动性能，在减小启动电流的同时，还可增大启动转矩。

（2）星-三角降压启动控制电路

三相异步电动机星-三角降压启动继电-接触器控制电路原理图如图 1-2-3 所示。图中，U1U2、V1V2、W1W2 为电动机的三相定子绕组，当接触器 KM3 动合触头闭合、KM2 动合触头断开时，相当于定子绕组的 U2、V2、W2 三端连接在一起，为星形连接；当 KM3 的动合触头断开、KM2 的动合触头闭合时，相当于 U1－V2、V1－W2、W1－U2 分别连接在一起，即三相绕组头与尾连接，即三角形连接。

表 1-2-1 三相异步电动机降压启动方法

分　类	工作原理图	降压启动方法及特点
定子回路串电抗或电阻		启动时，在电动机的定子回路中串接电抗或电阻，利用定子电流在电抗或电阻上产生的压降，使电动机绕组上的电压降低，启动电流减小。启动结束时，切除电抗或电阻，使电动机进入全压正常运行状态。 　　该种启动方法设备简单，启动转矩小，只适用于轻载启动
星形-三角形		启动时，将定子绕组接成星形；运行时，再将定子绕组接成三角形。 　　星形启动时的电流是三角形启动时的 1/3，启动转矩也是直接启动时的 1/3。 　　该种启动方法设备简单，启动电流较小，只适用于三角形连接的电动机轻载启动
自耦变压器		自耦变压器也称启动补偿器。启动时，电源接自耦变压器的一次侧，二次侧接电动机。启动结束后，电源直接加到电动机上。 　　该种启动方法可灵活选择电压抽头，启动电流小，启动转矩较其他降压启动方法大，适用于定子绕组星形或三角形接法，但设备复杂，投资较大

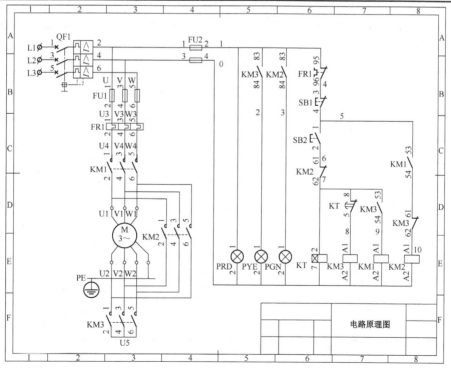

图 1-2-3 三相异步电动机星-三角降压启动继电-接触器控制电路原理图

闭合控制电路电源开关 QF1 后可以操作电路，具体控制过程叙述如下：

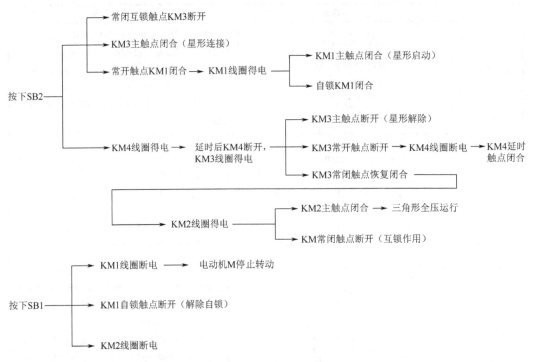

按下SB2
- 常闭互锁触点KM3断开
- KM3主触点闭合（星形连接）
- 常开触点KM1闭合 → KM1线圈得电
  - KM1主触点闭合（星形启动）
  - 自锁KM1闭合
- KM4线圈得电 → 延时后KM4断开，KM3线圈得电
  - KM3主触点断开（星形解除）
  - KM3常开触点断开 → KM4线圈断电 → KM4延时触点闭合
  - KM3常闭触点恢复闭合 → KM2线圈得电
    - KM2主触点闭合 → 三角形全压运行
    - KM常闭触点断开（互锁作用）

按下SB1
- KM1线圈断电 → 电动机M停止转动
- KM1自锁触点断开（解除自锁）
- KM2线圈断电

二、三相异步电动机的制动

所谓制动就是给电动机一个与转动方向相反的转矩，使它迅速停止转动或限制其转速的方法。三相异步电动机的制动有两种：机械制动和电气制动。机械制动利用机械装置使电动机切断电源后迅速停转。电磁抱闸就是一种应用较为广泛的机械制动形式。电气制动使电动机产生的电磁转矩与其旋转方向相反，从而达到减速停止的目的。电气制动通常可分为反接制动、能耗制动和回馈制动三类。这三种制动方法见表1-2-2。

表 1-2-2 三相异步电动机制动方法

分　类	工作原理图	制动方法及特点
反接制动	（正转运行 SB 反接制动，U V W，M ~3 接线原理图；L1 L2 L3，n_1 U1、V2、W2、W1、V1、U2、F、n 磁场示意图）	将开关 SB 向上闭合时，电源相序为 L1L2L3，电动机正转；当电动机需要停转时，拉下 SB 使电源断开，电动机仍然按原方向转动。随后，将 SB 迅速向下闭合，电源相序变为 L2L1L3，旋转磁场立刻反转，此时转子将以 $n+n_1$ 转速沿原转动方向切割旋转磁场而产生与原来方向相反的电磁转矩，起制动作用，使电动机迅速停止转动。中型机床和铣床的主轴制动采用这种方法

续表

分　类	工作原理图	制动方法及特点
能耗制动		将开关 SB 向上闭合时，电动机正转；当电动机需要停转时，拉下 SB 断开电源，电动机继续转动。随后将 SB 向下闭合，接通直流电源，电动机产生固定磁场，所产生的电磁转矩方向与电动机转动方向相反，起制动作用，使电动机迅速停止转动。 这种制动方法能量消耗小，制动平稳，但需要直流电源。在有些机床中采用这种制动方法
回馈制动		当起重机快速放下重物，且速度超过旋转磁场转速时，产生的电磁转矩方向与电动机转动方向相反，起制动作用。因此，重物将受制动而等速下降。这种制动方法常在起重、运输设备中使用。 将多速电动机从高速调至低速的过程中，也会发生回馈制动现象

三、可编程控制器

可编程控制器（PLC）是在继电器控制基础上以微处理器为核心，综合现代计算机技术、自动控制技术和通信技术发展起来的一种通用的工业自动控制装置。它具有可靠性高、抗干扰能力强、模块化组合灵活、功能完善、接口多样、编程简单易学、适应工业环境、安装维护简单及运行速度快等特点，所以被广泛应用于工业控制中。

1. PLC 的编程语言

PLC 编程语言有梯形图、指令表、顺序功能图及其他高级语言等。其中，梯形图和指令表用得较多，顺序功能图常用于顺序控制系统编程。

（1）梯形图

梯形图是在传统电气控制系统中常用的接触器、继电器等图形符号的基础上演变而来的。它与电气控制原理图相似，具有形象、直观、实用的特点。电气控制原理图和 PLC 梯形图如图 1-2-4 所示。

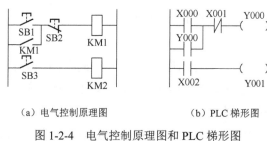

（a）电气控制原理图　　　　　　（b）PLC 梯形图

图 1-2-4　电气控制原理图和 PLC 梯形图

（2）指令表

指令表也称助记符，它用若干容易记忆的字符来代替 PLC 的某种操作功能，与汇编语言类似。以下是与图 1-2-4（b）对应的（FX3U 系列 PLC）指令程序。

步序号	指令	数据
0	LD	X000
1	OR	Y000
2	ANI	X001
3	OUT	Y000
4	LD	X002
5	OUT	Y001

可以看出，语句是指令表的基本单元，每个语句和微型计算机一样也由地址（步序号）、操作码（指令）、操作数（数据）组成。

（3）顺序功能图

顺序功能图（SFC）是一种较新的编程方法，又称状态转移图。它将一个控制过程分为若干阶段，每个阶段视为一个状态。状态与状态之间存在某种转移条件，当相邻两个状态之间的转移条件成立时，状态就发生转移，即当前状态的动作结束的同时，下一状态的动作开始。

状态转移图用流程框图表示，图 1-2-5 所示为状态转移流程图常用的 4 种类型。

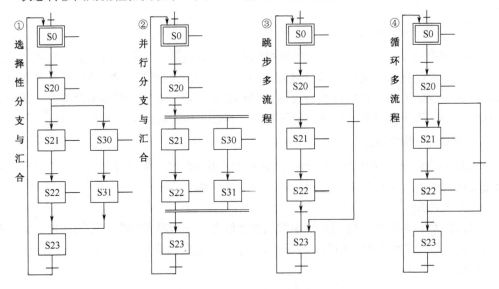

图 1-2-5　状态转移流程图

（4）高级语言

PLC 还可以采用高级语言进行编程，如 BASIC 语言、C 语言、PASCAL 语言。采用高级语言后，用户可以像使用计算机一样操作 PLC，使 PLC 的各种功能得到更好的发挥。

2. PLC 编程软件的使用

不同的可编程控制器其编程软件也不相同。这里以三菱的 GX Developer 软件为例，介绍如何使用 PLC 编程软件。

GX Developer 软件具有 PLC 控制程序的创建、程序写入和读出、程序监控和调试、PLC 的诊断等功能。下面以完成图 1-2-6 所示的启动与停止控制程序的输入为例，说明 GX Developer 软件的基本操作。

（1）GX Developer 软件的界面

GX Developer 软件的界面如图 1-2-6 所示。

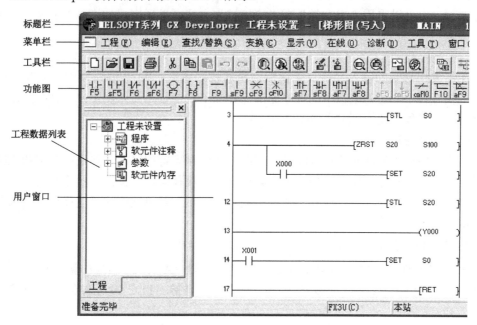

图 1-2-6　GX Developer 软件的界面

（2）工程创建

单击菜单栏中的"工程"，选择"创建新工程"，即可打开如图 1-2-7 所示的对话框。

图 1-2-7　"创建新工程"对话框

对话框中的"PLC 系列"选项应根据所用的 PLC 系列来选择。如使用的 PLC 型号为 FX3U-32M 时,"PLC 系列"选项应选择"FXCPU","PLC 类型"选择"FX3U(C)","程序类型"选择"梯形图"。"工程名"和"路径"可以在选择"设置工程名"选项后进行设置,也可以在程序进行保存时再设置。

（3）程序编写

新工程建立后,就可以在用户窗口进行梯形图的输入。输入时可采用"功能图"进行编程,也可以采用"指令符"或"快捷键"方式。最后完成如图 1-2-6 所示的梯形图程序。

（4）程序变换

在完成梯形图的输入并检查无误后,应对梯形图进行变换/编译操作,将其变换为 PLC 的执行程序,否则编辑中的程序无法保存和下载运行。具体操作方法是:直接单击工具栏中的"程序变换/编译"按钮即可。

（5）注释编辑

对程序中用到的软元件进行注释,有助于阅读和理解程序,尤其是在调试和修改程序时帮助更大。具体操作是:先单击工具栏中的"注释编辑"按钮,然后双击梯形图中需要进行注释的元件,进行注释。注释可通过"显示"菜单项中的"注释显示"选项来打开或关闭显示。

3．PLC 软元件

PLC 软元件是指输入继电器（X）、输出继电器（Y）、辅助继电器（M）、状态继电器（S）、定时器（T）、计数器（C）、数据寄存器等。PLC 软元件的作用及编号见表 1-2-3。

表 1-2-3 PLC 软元件的作用及编号

项　　目			FX$_{3U}$ 系列	
辅助继电器	一般用	*1	M0～M499	500 点
	保存用	*2	M500～1023	524 点
	保存用	*3	M1024～M3071	2048 点
	特殊用		M8000～M8255	256 点
状态继电器	初始化	*1	S0～S9	10 点
	一般用	*2	S10～S499	490 点
	保存用	*3	S500～S899	400 点
	信号用		S900～S999	100 点
定时器	100ms		T0～T199	200 点（0.1～3276.7s）
	10ms		T200～T245	46 点（0.01～327.67s）
	1ms 累计型	*3	T246～T249	4 点（0.001～32.767s）
	100ms 累计型	*3	T250～T255	6 点（0.1～3276.7s）
计数器	16 位单向	*1	C0～C99	100 点（0～32767 计数）
	16 位单向	*2	C100～C199	100 点（0～32767 计数）
	32 位双向	*1	C200～C219	20 点（-2147483648～+2147483647）计数
	32 位双向	*2	C220～C234	15 点（-2147483648～+2147483647）计数
	32 位高速双向	*2	C235～C255	21 点（-2147483648～+2147483647）计数

续表

项 目		FX₃ᵤ 系列	
数据存储器	16 位通用 *1	D0～D199	200 点
	16 位保存用 *2	D200～D511	312 点
	16 位保存用 *3	D512～D7999	7488 点（D1000 以后可以 500 点为单位设置文件寄存器）
	16 位特殊用	D8000～D8255	256 点
	16 位变址寻址用	V0～V7，Z0～Z7	16 点

注：*1—非电池保存区，通过参数设置可变为电池保存区；*2—电池保存区，通过参数设置可以改为非电池保存区；*3—电池保存固定区，区域特性不可改变

 【阅读材料】

三相异步电动机的机械特性

一、空载运行

电动机轴上不带负载时，输出机械功率为零，这种运行状态称为空载运行。在空载运行时，转子转速接近于同步转速，转子感应电流及电磁转矩接近于零。此时，定子电流称为空载电流，其值很小（约为额定电流的 20%～50%），用于建立旋转磁场，因而电动机空载时功率因数很低（0.2～0.3）。

二、有载运行

电动机轴上带负载时，输出机械功率，这种运行状态称为有载运行。在有载运行时，随着负载阻力矩增大，电动机转速降低，转子感应电流增大，从而产生较大的电磁转矩去拖动负载工作。

电动机定子绕组的电流将随着负载变化而变化：定子电流小于其额定值时，称为轻载；定子电流等于其额定值时，称为满载，功率因数最高；定子电流大于其额定值时，称为过载。在过载运行时，可能会导致转子转速急剧下降至零，这种运行状态称为"堵转"。此时，定子绕组的电流将达到额定值的 4～7 倍，过载运行持续时间过长就可能导致电动机烧毁。

三、机械特性

三相异步电动机的机械特性是指在定子电压、频率和参数均固定的条件下，电磁转矩与转差率或转速之间的函数关系。

1．电磁转矩

电磁转矩 T 是三相异步电动机最重要的物理量之一，它是由转子电流与旋转磁场相互作用而产生的。经数学分析得出

$$T = K_T \Phi I_2 \cos\varphi_2$$

$$= K \frac{sR_2 U_1^2}{R_2^2 + (sX_{20})^2}$$

式中，K_T、K 是转矩常数，与电动机结构有关。

由上式可见，电磁转矩与 Φ、$I_2\cos\varphi_2$ 有关，还与定子每相电压 U_1 的平方成正比。所以，电源电压的变动对转矩的影响很大。

2. 机械特性曲线

在一定的电源电压 U_2 和转子电阻 R_2 之下，转矩与转差率的关系曲线 $T = f(s)$ 或转速与转矩的关系曲线 $n = f(T)$，称为电动机的机械特性曲线，如图 1-2-8 所示。

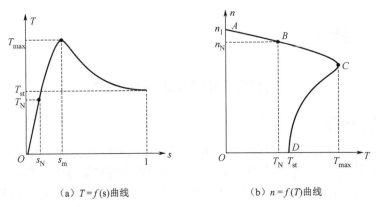

（a）$T=f(s)$曲线　　　　　　（b）$n=f(T)$曲线

图 1-2-8　三相异步电动机的机械特性曲线

研究机械特性的目的是为了分析电动机的运行性能。在机械特性曲线上有三个重要转矩，是应用和选择电动机时应注意的。

（1）额定转矩 T_N

额定转矩是指电动机在额定状态下工作时，轴上输出的转矩。计算公式为

$$T_N = 9550 \frac{P_N}{n_N}$$

式中，　T_N——额定转矩，单位是牛米（N·m）；

P_N——电动机的额定功率（kW）；

n_N——电动机的额定转速（r/min）；

9550——常数。

（2）最大转矩 T_{max}

最大转矩是指电动机所能产生的最大电磁转矩值，它反映三相异步电动机的过载能力，用过载系数 $\lambda_m = T_{max}/T_N$ 来表示，一般取 $\lambda_m = 1.6 \sim 2.5$。

（3）启动转矩 T_{st}

启动转矩是指电动机启动瞬间，$n=0$，$s=1$ 时对应的转矩。它反映三相异步电动机带负载的启动能力，用启动倍数 $\lambda_{st} = T_{st}/T_N$ 来表示，一般取 $\lambda_{st} = 1.4 \sim 2.2$。

由于电动机空载或轻载时的功率因数和效率都很低，因此，在选择电动机时应尽量避免用大容量的电动机去拖动小功率的机械负载。

完成工作任务指导

一、工具与器材准备

1. 工具

活动扳手、内六角扳手、直角尺、游标卡尺、橡胶锤、钢锯、剪刀、螺钉旋具、剥线钳、压线钳等。

2. 器材

实训台、计算机、万用表、兆欧表、钳形表、工业线槽、1.0mm² 红色和蓝色多股软导线、1.0mm² 黄绿双色 BVR 导线、0.75mm² 黑色和蓝色多股导线、冷压接头 SVϕ1.5-4、号码管、缠绕带、捆扎带，其他器材清单见表 1-2-4。

表 1-2-4 器材清单表

序 号	名 称	型号/规格	数 量
1	三相异步电动机	YS7124	1 台
2	断路器	R05/6A	1 只
3	三极熔断器	RT18-32 3P/熔体 6A	1 只
4	热继电器	JR36-20 1.5～2.4A	1 只
5	交流接触器	CJX2-0910/220V	3 只
6	按钮指示灯模块	—	1 只
7	接线端子排	TB-1512	3 条
8	安装导轨	C45	若干
9	可编程控制器	FX3U-32MT/ES-A	1 只
10	扩展模块	FX2N-16EYR	1 只
11	通信线	—	1 条

二、控制电路安装

1. 元器件选择与检测

根据图 1-2-1 所示控制电路原理图和表 1-2-4 所列器材清单表，正确选择本次工作任务所需的元器件，并对所有元器件的型号、外观及质量进行检测。

2. 线槽和元器件安装

（1）线槽安装

根据图 1-2-2 所示布置图中线槽的尺寸，将线槽牢固安装于实训台右侧钢质多网孔板上。

（2）元器件安装

将已检测好的元器件按图 1-2-2 所示的位置排列放置，并安装固定。

（3）电动机安装

三相异步电动机的安装步骤与任务 1-1 的相同。

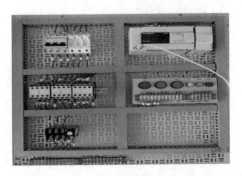

图 1-2-9　三相异步电动机降压启动控制电路安装

3. 控制电路接线

根据控制电路原理图和电气元件布置图，按接线工艺规范要求完成。

（1）控制电路板上主电路的接线。

（2）控制电路板上 PLC 控制电路的接线。

（3）三相异步电动机的接线。

三相异步电动机降压启动控制电路安装如图 1-2-9 所示。

三、PLC 控制程序编写

1. 画工作流程图

分析控制要求不难发现，工作过程可分为三个阶段进行：第一阶段为电动机绕组星形接法，即接触器 KM1、KM3 得电；第二阶段为电动机绕组接法由星形切换至三角形的过渡，即 KM3 失电；第三阶段为电动机绕组三角形接法，即接触器 KM1、KM2 得电。这三个阶段按时间顺序依次进行。我们可以先画出自动控制的工作流程图，然后再编写 PLC 程序。工作流程图如图 1-2-10 所示。

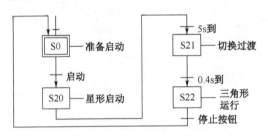

图 1-2-10　工作流程图

2. 编写 PLC 控制程序

步进指令的梯形图程序如图 2-1-11 所示，仅供参考。

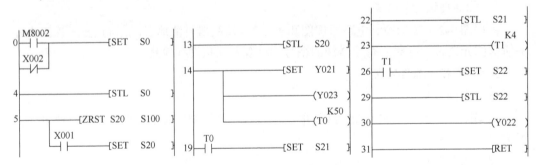

图 1-2-11　步进指令的梯形图程序

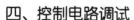

四、控制电路调试

1. 电路检查

（1）检查电路接线是否正确，有无漏接、错接之处；检查导线接点是否符合要求，号码管编号与原理图是否一致。

（2）用万用表 R×1 或 R×10 挡检查电路的通/断情况，防止短路故障的发生。

（3）用兆欧表检查电路的绝缘电阻值，应小于 2MΩ。

2. 通电试车

通电试车时，必须有指导老师在现场监护！

（1）接通实训台总电源，顺时针旋转三相调压器旋钮，将三相电源电压调至 220V（三相监控仪表电压读数应显示为 127V）。

（2）合上控制电路总开关 QF1，接通控制电路电源。

（3）连接 PLC 通信线，将已编写的程序下载至可编程控制器中。

（4）根据电路原理图（图 1-2-1），按下按钮 SB1，使电动机转动起来；按下按钮 SB2，使电动机停止转动。

操作时应注意观察：各接触器动作顺序是否正常，电路是否符合功能要求。

用钳形电流表测量三相异步电动机星形启动阶段和三角形运行阶段的空载电流。

在观察过程中，若发现异常现象，应及时停电进行检修。检修完毕，经指导老师同意后方可再次通电试车。

在通电试车成功后，请将电路调试情况填写在表 1-2-5 中。

表 1-2-5　接触器动作及电动机工作电流记录表

序　号	按钮动作	交流接触器 KM1	交流接触器 KM2	交流接触器 KM3
1	按下 SB1			
2	5s 后			
3	按下 SB2			
星形启动时电动机空载电流		$I_U=$	$I_V=$	$I_W=$
三角形运行时电动机空载电流		$I_U=$	$I_V=$	$I_W=$

（5）在通电试车结束后，断开电源总开关，拆卸电路，整理实训台。

五、工作任务评价表

请填写三相异步电动机降压启动控制电路安装与调试工作任务评价表，见表 1-2-6。

表 1-2-6　三相异步电动机降压启动控制电路安装与调试工作任务评价表

序号	评价内容	配分	评价细则	学生评价	老师评价
1	工具与器材准备	10	（1）工具少选或错选，扣 2 分/个； （2）元器件少选或错选，扣 2 分/个		
2	电路安装	40	（1）元器件检测不正确或漏检，扣 2 分/个； （2）工业线槽不按尺寸安装或安装不规范、不牢固，扣 5 分/处； （3）元器件不按图纸位置安装或安装不牢固，扣 2 分/处；		

续表

序号	评价内容	配分	评 价 细 则	学生评价	老师评价
2	电路安装	40	（4）电动机安装不到位或不牢固，扣 10 分； （5）不按控制电路原理图接线，扣 20 分； （6）接线不符合工艺规范要求，扣 2 分/条； （7）损坏导线绝缘层或线芯，扣 3 分/条； （8）导线不套号码管或不按图纸编号，扣 1 分/处		
3	电路调试	40	（1）通电试车前未做电路检查工作，扣 15 分； （2）电路未做绝缘电阻检测，扣 20 分； （3）万用表使用方法不当，扣 5 分/次； （4）通电试车不符合控制要求，扣 10 分/项； （5）记录表未填写或填写不正确、不完整，扣 1 分/处； （6）通电试车时，发生短路跳闸现象，扣 10 分/次		
4	职业与 安全意识	10	（1）未经允许擅自操作或违反操作规程，扣 5 分/次； （2）工具与器材等摆放不整齐，扣 3 分； （3）损坏器件、工具或浪费材料，扣 5 分； （4）完成工作任务后，未及时清理工位，扣 5 分； （5）严重违反安全操作规程，取消考核资格		
	合计	100			

思考与练习

一、填空题

1. 电动机接通电源后，转子由_____状态加速至_____状态的过程称为启动。常用的启动方法有_____启动和_____启动，前者也称全压启动。

2. 一般情况下，电源容量在_____以上、电动机功率在_____以下的三相异步电动机可采用直接启动。直接启动时的电流约为额定电流的_____倍。

3. 降压启动的目的是减小_____，与此同时，也会使电动机_____大幅下降。因此这种启动方法只适用于_____情形。

4. 鼠笼式电动机一般采用_____、_____等降压启动方法。绕线式电动机一般采用_____或_____方法来改善启动性能，在减小启动电流的同时，增大启动转矩。

5. 阅读图 1-2-1 所示控制电路原理图，回答：（1）断路器 Q1 进端电压为_____，可编程控制器供电电源电压为_____。（2）交流接触器_____和_____吸合时，电动机绕组为星形接法；交流接触器_____和_____吸合时，电动机绕组为三角形接法。

6. 可编程控制器简称_____，是在继电器控制基础上以_____为核心，综合现代计算机技术、_____技术和_____技术发展起来的一种通用的工业自动控制装置，广泛应用于工业控制中。

7. 在机械特性曲线中有三个重要转矩，是应用和选择电动机时应注意的，这三个转矩是_____、_____、_____。

二、简答题

1．什么叫制动？电气制动一般分为哪三类？

2．简述热继电器的结构与工作原理。

3．可编程控制器具有哪些特点？PLC 的编程语言有哪几种？

4．认真阅读图 1-2-1 后，阐述 PLC 扩展模块输出回路的特点。

三、实操题

在生产实际中，常需要几台电动机按规定的顺序启动或停车。采用继电-接触器控制方式的两台电动机顺序控制电路原理图如图 1-2-12 所示。现在要求采用可编程控制器方式进行控制，请认真阅读原理图，完成以下工作任务：

（1）简述控制电路工作原理。

（2）画出 PLC 控制电路原理图。

（3）根据控制要求，编写 PLC 程序。

（4）电路安装与调试。

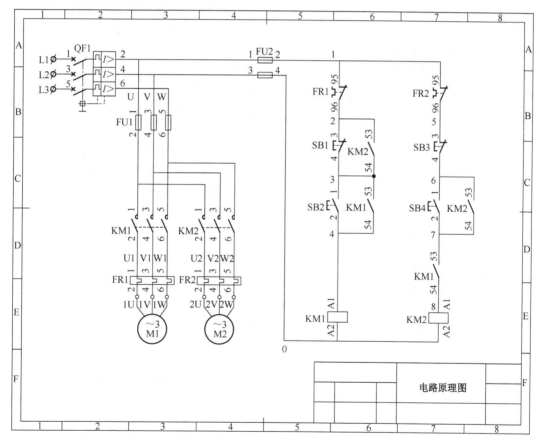

图 1-2-12　两台电动机顺序控制电路原理图

任务 1-3　模拟双速电动机运行控制电路安装与调试

 工作任务

由一台变频器拖动一台三相异步电动机实现模拟双速电动机运行。按下低速启动按钮 SB2，电动机以 25Hz 启动运行；按下高速启动按钮 SB3，电动机以 50Hz 启动运行。运行中按下停止按钮 SB1，电动机停止转动。低速与高速的切换必须在电动机停止后才能进行。电动机的旋转方向可选择一个固定方向，如正转（或反转）。电气控制电路原理图如图 1-3-1 所示，电气元件布置图如图 1-3-2 所示。

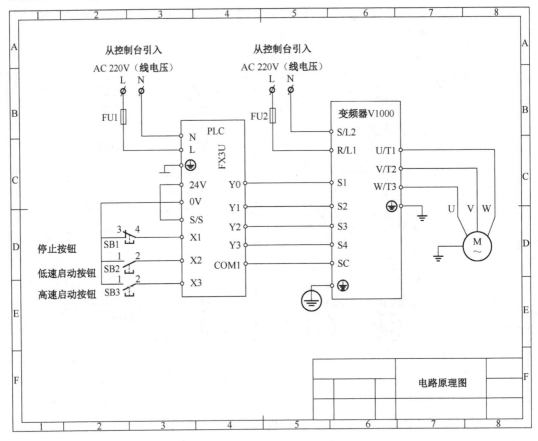

图 1-3-1　电气控制电路原理图

根据控制要求，请完成下列工作任务：

（1）根据电气控制电路原理图正确选择电气元件。

（2）根据电气元件布置图安装工业线槽、电气元件。要求器件排列整齐，安装牢固不松动。

（3）根据电气控制电路原理图安装控制电路，安装电路应符合工艺规范要求。

（4）根据控制要求，编写 PLC 程序。

（5）根据控制要求，设置变频器相关参数。

① 电动机能以 25Hz、50Hz 两种频率正转或反转运行。

② 电动机启动（加速）时间为 4.0s，停止（减速）时间为 1.5s。

（6）调试控制电路，实现控制要求的所有功能。

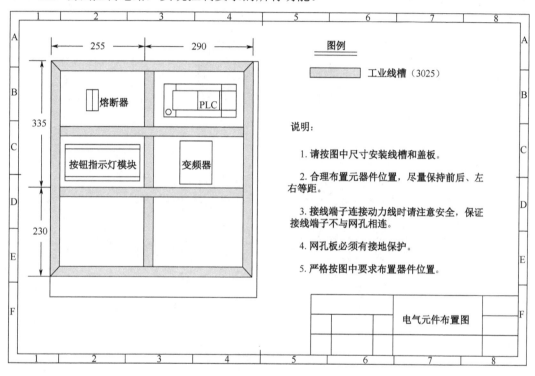

图 1-3-2 电气元件布置图

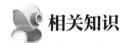 相关知识

一、三相异步电动机的调速

调速就是在同一负载下能得到不同的转速，以满足生产过程的要求。例如，各种切削机床的主轴运动随着工件与刀具的材料、工件直径、加工工艺的要求及走刀量的大小等的不同，要求有不同的转速，以获得最高的生产效率和保证加工质量。采用电气调速，可以大大简化机械变速机构。

由三相异步电动机的转速公式 $n=(1-s)n_1=(1-s)60f_1/p$ 可知，改变电动机的转速有三种方法，即改变电源频率 f_1、极对数 p 和转差率 s。前两者是鼠笼式电动机的调速方法，后者是绕线式电动机的调速方法。

1．变极调速

由公式 $n_1 = 60f_1 / p$ 可知，如果极对数 p 减小一半，则旋转磁场的转速 n_1 便提高一倍，转子转速 n 差不多也提高一倍。因此改变 p 可得到不同的转速。而改变极对数，与定子绕组的接法有关。

图 1-3-3 所示的是改变极对数的调速方法。把 U 相绕组分成两半：线圈 U1U′1 和 U2U′2。图 1-3-3（a）是两个线圈串联，可得出 $p=2$。图 1-3-3（b）是两个线圈反并联，可得出 $p=1$。在换极时，一个线圈中的电流方向不变，而另一个线圈中的电流必须改变方向。

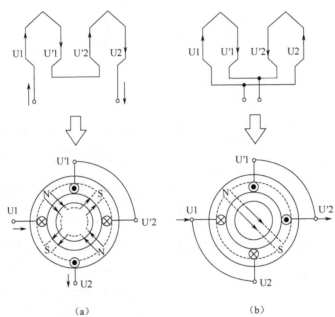

（a）   （b）

图 1-3-3　改变极对数的调速方法

变极调速的电动机结构复杂，不能连续调速。变极调速电动机以双速电动机最为常见，如某些镗床、磨床、铣床上都有。

2．变频调速

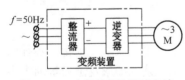

图 1-3-4　改变频率的调速方法

近年来变频调速技术发展很快，目前主要采用如图 1-3-4 所示的变频装置，它由可控硅整流器和可控硅逆变器组成。整流器先将 50Hz 的交流电转换为直流电，再由逆变器转换为频率 f_1 可调、电压有效值也可调的三相交流电，供给鼠笼式电动机。由此可得到电动机的无级调速，并具有较硬的机械特性。

3．变转差率调速

只要在绕线式电动机的转子电路中接入一个调速电阻（同启动电阻一样接入），改变其电阻的大小，就能改变转子电路的电阻，转差率随之改变，从而改变电动机的转速。这种方法可使转速平滑变化，且设备简单、操作方便，但调速电阻能量消耗大，常用于起重提升机械中。

在三相异步电动机的调速过程中，也会人为改变电动机的机械特性。因为电磁转矩是由电源电压、电源频率及转子电路的电阻及电抗等参数决定的，因此，人为改变这些参数就可得到不同的机械特性曲线，如图 1-3-5 所示。请读者自行分析三种不同情况下的机械特性。

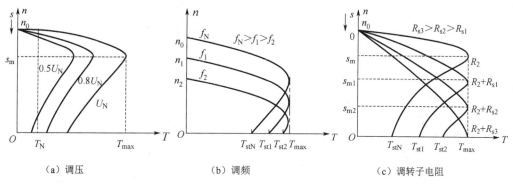

（a）调压　　　　　　　　（b）调频　　　　　　　　（c）调转子电阻

图 1-3-5　人为机械特性曲线

二、双速电动机

1. 双速电动机的绕组结构

由图 1-3-6 可知，每相绕组由两个绕组组成。当两个绕组串联时，U2、V2、W2 悬空，U1、V1、W1 接电源，这就是三角形连接；而 U1、V1、W1 接在同一点时，U2、V2、W2 接电源，这就是双星形连接。

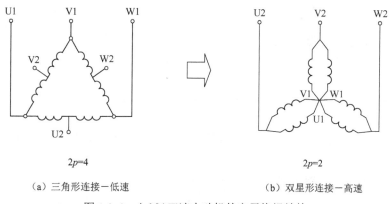

　　　　$2p=4$　　　　　　　　　　　　　　　$2p=2$

（a）三角形连接－低速　　　　　　　（b）双星形连接－高速

图 1-3-6　△/YY 双速电动机的定子绕组结构

三角形连接时是 4 极电动机（低速），双星形连接时是 2 极电动机（高速），其极对数的组成如图 1-3-3 所示。

值得注意的是，当电动机的极数发生变化时，三相绕组的相序也跟着变化，即 $2p=2$ 时，三相绕组在空间依次相差 0°、120°、240°；而 $2p=4$ 时，对应空间位置的角度依次变为 0°、240°、480°（相当于 120°）。所以，为了保证变极后电动机的转向不变，在改变定子绕组接线的同时，必须在三相绕组与电源相连接时，将任意两个出线头对调。

2. 双速电动机的控制电路

双速电动机的控制电路原理图如图 1-3-7 所示，其工作原理分析如下。

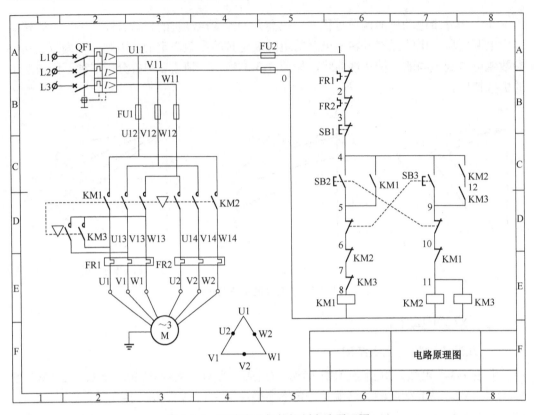

图 1-3-7　双速电动机的控制电路原理图

（1）低速运行

低速运行的控制过程如下：

（2）高速运行

高速运行的控制过程如下：

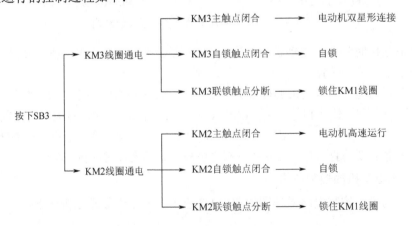

（3）停车

按下 SB1 按钮，KM1 线圈（KM2、KM3 线圈）失电，KM1（KM2、KM3）自锁触点解除，电动机低速（高速）停止转动。

三、变频器

变频器是一种利用电力半导体器件的开关作用，将工频电源的频率转换为另一频率的电能控制器。通用变频器几乎全都是交-直-交型变频器，是一种电压频率转换器，将 50Hz 的交流电转换为直流电后，再根据控制要求把直流电逆变成频率与电压成正比，且连续可调的交流电。在三相交流异步电动机的多种调速方法中，变频器调速方法的性能最好，它具有调速范围大、静态稳定性好、运行效率高等特点，在生产和生活中得到了广泛应用。

1．V1000 变频器的结构

V1000 变频器的结构如图 1-3-8 所示，其各部分名称见表 1-3-1。

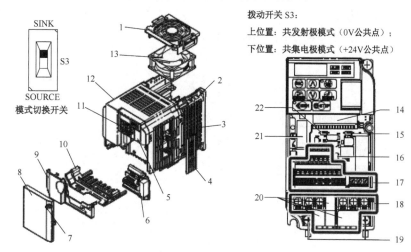

图 1-3-8　V1000 变频器的结构

表 1-3-1　V1000 变频器各部分名称

序　号	名　　称	序　号	名　　称
1	风扇外罩	12	壳体
2	安装孔	13	冷却风扇
3	散热	14	装卸式端子排插头
4	24V 控制电源单元接口外罩	15	拨动开关 S1：主速频率设定用
5	通信用接口	16	拨动开关 S3：模式切换用
6	带参数备份功能的装卸端子排	17	带参数备份功能的卸端子排
7	安装螺钉	18	主回路端子
8	前外罩	19	接地端子
9	端子外罩	20	防接线错误保护罩
10	下部外罩	21	选购卡接口
11	LED 操作器	22	拨动开关 S2：MEMOBUS 终端电阻的设定开关

2．V1000 变频器的接线

（1）主电路接线

V1000 变频器主电路接线图如图 1-3-9 所示。220V 电源必须接变频器电源输入 R、

S 端子，位于变频器左侧，绝对不能接 U、V、W 端子，否则会损坏变频器。三相交流异步电动机接到变频器的输出 U、V、W 端子，位于变频器的右侧。

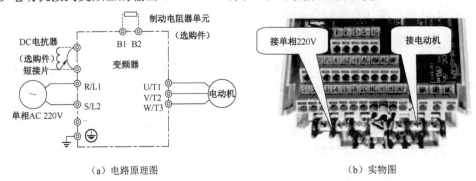

（a）电路原理图   （b）实物图

图 1-3-9   V1000 变频器主电路接线图

（2）控制电路接线

V1000 变频器控制回路端子图如图 1-3-10 所示。

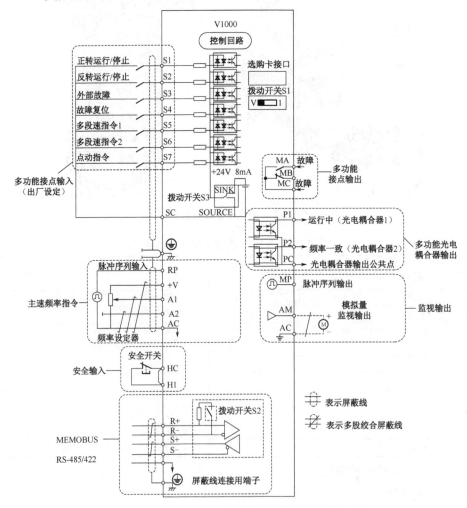

图 1-3-10   V1000 变频器控制回路端子图

V1000 变频器控制回路端子排列实物图如图 1-3-11 所示。

图 1-3-11 V1000 变频器控制回路端子排列实物图

V1000 变频器控制回路端子的说明见表 1-3-2。

表 1-3-2 V1000 变频器控制回路端子的说明

种 类	端子符号	端子名称（出厂设定）	端 子 说 明
多功能接点输入	S1	多功能输入选择 1（闭：正转运行，开：停止）	光电耦合器 DC 24V，8mA 注：初始设定为共发射极模式。在切换为共集电极模式时，请通过拨动开关 S3 设定，并使用外部电源 DC 24V±10%
	S2	多功能输入选择 2（闭：反转运行，开：停止）	
	S3	多功能输入选择 3（外部故障（常开接点））	
	S4	多功能输入选择 4（故障复位）	
	S5	多功能输入选择 5（多段速指令 1）	
	S6	多功能输入选择 6（多段速指令 2）	
	S7	多功能输入选择 7（点动指令）	
	SC	多功能输入选择公共点 控制公共点	顺控公共点
主速频率指令输入	RP	主速指令脉冲序列输入 （主速频率指令）	响应频率：0.5Hz～32kHz （H 占空比：30%～70%） （高电平电压：3.5～13.2V） （低电平电压：0.0～0.8V） （输入阻抗：3kΩ）
	+V	频率设定用电源	+10.5V（允许电流最大 20mA）
	A1	多功能模拟量输入 1（主速频率指令）	电压输入 DC 0～+10V（20kΩ） 分辨率：1/1000
	A2	多功能模拟量输入 2（主速频率指令）	电压输入或电流输入（通过拨动开关 S1 选择） DC 0～+10V（20kΩ） 分辨率：1/1000 4～20mA（250kΩ）或 0～20mA（250Ω） 分辨率：1/500
	AC	频率指令公共端	0V
多功能接点输出	MA	常开接点输出（故障）	继电器输出 DC 30V，10mA～1A AC 250V，10mA～1A 最小负载：DC 5V，10mA（参考值）
	MB	常闭接点输出（故障）	
	MC	接点输出公共点	

3. V1000 变频器操作面板

（1）操作面板简介

V1000 变频器操作面板如图 1-3-12 所示，操作面板上各键的含义见表 1-3-3。

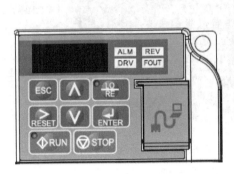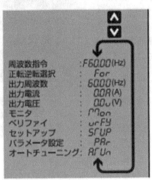

图 1-3-12   V1000 变频器操作面板

表 1-3-3   V1000 变频器操作面板上各键的含义

指示灯/按键	名　称	含　义　说　明
F6000	显示部	显示频率和参数编号等
ALM REV DRV FOUT	LED 指示灯	指示 ALM、REV、DRV、FOUT
ESC	ESC 键	回到按下 ENTER 键前的状态
> RESET	移位/RESET 键	移动设定参数数值时的数位；故障检出作为故障复位键使用
∧	增量键	选择参数编号、模式、设定值（增加），还可用来进入下一个项目和数据
∨	减量键	选择参数编号、模式、设定值（减少），还可用来返回前一个项目和数据
LO RE	LO/RE 选择键	LOCAL/REMOTE 切换用操作器。运行 LOCAL 或用控制回路端子运行 REMOTE 时按下此键
ENTER	ENTER 键	显示或确定各模式、参数、设定值时按下此键；还可用于从一个画面进入下一个画面
RUN	RUN 键	运行变频器，运行时 RUN 指示灯点亮
STOP	STOP 键	停止变频器运行
通信用接口	通信用接口	用于连接计算机、带 USB 的复制装置及 LCD 操作器

说明：

① LO/RE 选择键：在驱动模式下停止时，LO/RE 选择键始终有效。可能会因误将操作器从 RE 切换为 LO 而妨碍正常运行时，请将 o2-01（LO/RE 键的功能选择）设定为 0，使选择键无效。

② 通信用接口：请勿插入专用电缆以外的电缆，否则会导致变频器损坏或故障。

③ STOP 键：该回路为停止优先回路，即使变频器正在通过多功能接点输入端子的信号进行运行（设定为 RE 时），如果觉察到危险，也可按 STOP 键，紧急停止变频器。不想通过 STOP 键执行停止操作时，请将 o2-02（STOP 键的功能选择）设定为 0，使 STOP 键无效

（2）操作面板的运行/停止操作

由操作面板直接进行运行/停止操作的流程如图 1-3-13 所示，其具体操作方法与步骤如下：

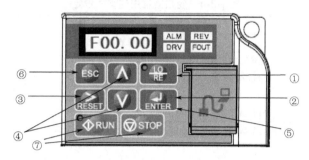

图 1-3-13 操作面板直接进行运行/停止操作的流程

① 按下 LO/RE 键，指示灯亮，设定为 LOCAL 模式（也可通过参数设定）。

② 按 ENTER 键，显示部闪烁，表示此时可编辑频率。

③ 按＞键，移动闪烁位直至要修改的位置上停止移动。

④ 通过按∧或∨键，使该位数字变大或变小。

⑤ 按下 ENTER 键，出现 END，表明频率设定成功。

⑥ 按下 ESC 键，退出编辑状态，回到频率显示状态。

⑦ 按下 RUN 键，电动机以设定频率运行；按下 STOP 键，电动机停止运行。

（3）操作面板的其他操作

数据的显示、参数的设定/变更及警告显示等操作的方法和步骤流程如图 1-3-14 所示。

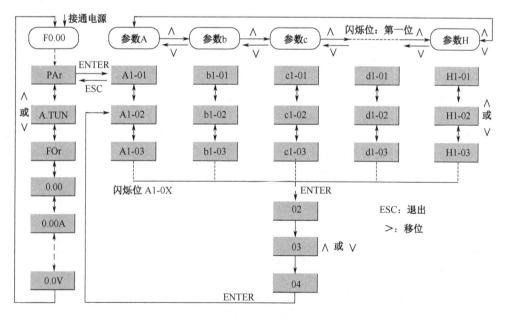

图 1-3-14 V1000 变频器面板操作流程图

4. 变频器的参数设定

变频器常用的参数设定见表 1-3-4。

表 1-3-4　变频器常用的参数设定

参数	名　称	内　容	设定范围	出厂设定
A1：环境设定模式					
A1-02	控制模式的选择	选择变频器控制模式。 0：无 PGV/f 控制 2：无 PG 矢量控制 5：PM 用无 PG 矢量控制	0、2、5	0
A1-03	初始化	将所有参数恢复为出厂设定（初始化后，A1-03 将自动设定为 0） 0：不进行初始化 1110：用户参数设定值的初始化（需要通过 o2-03 事先存储用户参数设定值） 2220：2 线制顺控的初始化（出厂设定参数初始化） 3330：3 线制顺控的初始化 5550：oPE04 故障的复位	0、1110、2220、3330、5550	0
A1-05	用途选择	根据选择的用途，将常用的参数设定在 A2-01～A2-16 中。 0：通用（A2-01～A2-32 的常用参数功能无效） 1：给水泵 2：传送带 3：给气、排气用风机 4：AHU（HVAC）风机 5：空气压缩机 6：卷扬机（升降用） 7：吊车（平移） 8：传送带 2	设定范围因变频器的软件版本而异	0
b1：运行模式选择					
b1-01	频率指令选择 1	选择频率指令的输入方法： 0：LED 操作器或 LCD 操作器 1：控制回路端子（模拟量输入） 2：MEMOBUS 通信 3：通信选购件 4：脉冲序列输入	0～4	1
b1-02	运行指令选择 1	选择运行指令的输入方法： 0：LED 操作器或 LCD 操作器 1：控制回路端子（顺控输入） 2：MEMOBUS 通信 3：通信选购件	0～3	1
b1-03	停止方法选择	设定指令停止时的停止方法： 0：减速停止 1：自由运行停止 2：全域直流制动（DB）停止（不进行再生动作，比自由运行停止还快） 3：带定时的自由运行停止（忽视减速时间内的运行指令输入）	0～3	0

续表

参数	名　称	内　容	设定范围	出厂设定
		b1：运行模式选择		
b1-04	禁止反转选择	选择电动机的反转禁止。 0：可反转 1：禁止反转	0、1	0
b1-14	相序选择	切换、选择变频器输出端子 U/T1、V/T2、W/T3 的相序。 0：标准 1：相序调换	0、1	0
b1-17	电源 ON/OFF 时的运行选择	在接通电源前输入了运行指令的状态下，禁止/许可电源一接通，电动机即运行。 0：禁止 1：许可	0、1	0
		C1：加减速时间		
C1-01	加速时间 1	设定输出频率从 0% 到 100% 为止的加速时间	0.0～6000.0	10.0s
C1-02	减速时间 1	设定输出频率从 100% 到 0% 为止的减速时间	0.0～6000.0	10.0s
C1-10	加减速时间的单位	选择 C1-01～C1-09 的设定单位。 0：以 0.01s 为单位（0.00～600.00s） 1：以 0.1s 为单位（0.00～600.00s）	0、1	1
		C4：转矩补偿		
C4-01	转矩补偿（转矩提升）增益	① V/f 控制：用倍率设定转矩补偿的增益。当电动机的负载增大时，通过增大变频器的输出电压来增加输出转矩的功能。请在以下情况时调整： 　·请在不超过变频器额定输出电流的范围内对低速旋转时的输出电流进行调整； 　·当电线过长时，请增大设定值； 　·电动机容量小于变频器容量（最大适用电动机）时，请增大设定值； 　·当电动机振动时，请减小设定值。 ② 无 PG 矢量控制：用倍率设定转矩补偿的增益，通常无须设定	0.00～2.50	1.00
		C6：载波频率		
C6-01	ND/HD 选择	0：重载额定（HD） 　过载耐量：额定输出电流的 150%，60s 　载波频率：2kHz（出厂设定） 1：轻载额定（ND） 　过载耐量：额定输出电流的 120%，60s 　载波频率：2kHz，Swing PWM（出厂设定）	0、1	1

d1：频率指令

参数	名称	多段速指令 4 H1-□□=32	多段速指令 3 H1-□□=5	多段速指令 2 H1-□□=4	多段速指令 1 H1-□□=3	设定范围	出厂设定
d1-01	频率指令 1	0	0	0	0		
d1-02	频率指令 2	0	0	0	1		
d1-03	频率指令 3	0	0	1	0	0.00～400.00	0.00Hz
d1-04	频率指令 4	0	0	1	1		
d1-05	频率指令 5	0	1	0	0		
d1-06	频率指令 6	0	1	0	1		

续表

参 数	名　称	内　容				设定范围	出厂设定
		d1：频率指令					
		多段速指令 4 H1-□□=32	多段速指令 3 H1-□□=5	多段速指令 2 H1-□□=4	多段速指令 1 H1-□□=3		
d1-07	频率指令 7	0	1	1	0		
d1-08	频率指令 8	0	1	1	1		
d1-09	频率指令 9	1	0	0	0		
d1-10	频率指令 10	1	0	0	1		
d1-11	频率指令 11	1	0	1	0	0.00～400.00	0.00Hz
d1-12	频率指令 12	1	0	1	1		
d1-13	频率指令 13	1	1	0	0		
d1-14	频率指令 14	1	1	0	1		
d1-15	频率指令 15	1	1	1	0		
d1-16	频率指令 16	1	1	1	1		
d1-17	点动频率指令	多功能输入"点动频率选择""FJOG 指令""RJOG 指令"ON 时的频率指令（设定单位通过 o1-03 来设定） 点动频率指令优先于任一多段速指令				0.00～400.00	0.00Hz
		d2：频率上限、下限					
d2-01	频率指令上限值	以最高输出频率（E1-04）为 100%，以%为单位设定输出频率指令的上限值。即使频率指令值超过设定值，变频器的速度也不会超过上限值				0.0～110.0	100.0%
d2-02	频率指令下限值	以最高输出频率（E1-04）为 100%，以%为单位设定输出频率指令的下限值。即使频率指令值低于设定值，变频器的速度也不会超过下限值				0.0～110.0	0.0%
		d3：跳跃频率					
d2-01	跳跃频率 1	为了避免机械系统及电动机固有的振动频率所产生的共振而设定该参数。设定时要避开的频率范围的中心值。 ·设定为 0.0 时，跳跃频率封无效。设定时请避免频率设定禁止重复。 ·设定多个跳跃频率时，请遵守以下条件： d3-01≥d3-02≥d3-03				0.0～400.0	0.0Hz
d2-02	跳跃频率 2						
d2-03	跳跃频率 3						
d3-04	跳跃频率幅度	设定跳跃频率的频率幅度，制造频率指令的死区。 "跳跃频率±d3-04"即为跳跃频率范围				0.0～20.0	1.0Hz
		E2：电动机参数					
E2-01	电动机额定电流	以 A 为单位设定电动机的额定电流。该设定值为电动机保护、转矩限制、转矩控制的基准值。 ·自学习时该值被自动设定				变频器额定电流的 10%～200%	出厂设定根据 o2-04（变频器容量选择）及 C6-01（ND/HD 选择）的设定而异

续表

参数	名　称	内　容	设定范围	出厂设定
		H1：多功能接点输入		
H1-01	端子 S1 的功能选择	选择多功能接点输入端子 S1～S7 的功能。参数从 0～9F（这里仅列出较常用的参数）。	1～9F	40
H1-02	端子 S2 的功能选择	0：3 线制顺控 1：LOCAL/REMOTE 选择		41
H1-03	端子 S3 的功能选择	2：指令权的切换指令 3：多段速指令 1		24
H1-04	端子 S4 的功能选择	4：多段速指令 2 5：多段速指令 3		14
H1-05	端子 S5 的功能选择	6：点动（JOG）频率指令选择 7：加减速时间选择 1		3
H1-06	端子 S6 的功能选择端子 S1 的功能选择	F：直通模式（端子未被使用或作为直通模式使用时设定） 12：FJOG 指令 13：RJOG 指令 14：故障复位	0～9F	4
H1-07	端子 S7 的功能选择	1B：参数写入许可 24：外部故障（常开接点） 32：多段速指令 4 40：正转运行指令（2 线制顺控） （闭：正转运行，开：停止） 41：反转运行指令（2 线制顺控） （闭：反转运行，开：停止）		6
		L1：电动机保护功能		
L1-01	电动机保护功能选择	0：无效 1：通用电动机的保护 2：变频器专用电动机的保护 3：矢量专用电动机的保护 4：PM 电动机（递减转矩用）的保护 6：通用电动机的保护（50Hz） ・当 1 台变频器连接多台电动机时，请设定为 0（无效），并在各电动机上设置热继电器	0～4、6	1
		o1：显示设定/选择		
o1-01	驱动模式显示项目选择	当电源接通后，操作器依次显示频率指令→旋转方向→输出频率→输出电流→输出电压→U1-□□。 ・o1-01 用来选择显示项目而非输出电压； ・o1-02 用来选择电源接通时显示的内容。 （"U1-□□"时显示为"1□□"）。根据控制模式的不同，可设定的项目有所不同	104～810	106
		o1：显示设定/选择		
o1-02	电源 ON 时监视显示项目选择	选择接通电源时要显示的项目： 1：频率指令（U1-01） 2：FWD/REV（正转中/反转中） 3：输出频率（U1-02） 4：输出电流（U1-03） 5：o1-01 设定的监视项目	1～5	1

参数	名称	内容	设定范围	出厂设定
o1：显示设定/选择				
o1-03	频率指令设定/显示的单位	设定监视频率指令、输出频率时的设定/显示单位： 0：以 0.01Hz 为单位 1：以 0.01% 为单位（最高输出频率为 100%） 2：以 min⁻¹ 为单位（通过最高输出频率和电动机极数自动计算） 3：任意单位（详细内容通过 o1-10、o1-11 进行设定）	0～3	0
o1-10	频率指令设定/显示的任意显示设定	设定 o1-03=3 时的设定/显示： o1-10 用来设定最高输出频率时要设定/显示的值 o1-11 用来设定频率指令设定/显示时的小数点后位数	1～60000	出厂设定根据 o1-03（频率指令设定/显示的单位）的设定而异
o1-11	频率指令设定/显示的小数点的位数		0～3	
o2：多功能选择				
o2-01	LOCAL/REMOTE 键的功能选择	设定运行方法选择键（LOCAL/REMOTE）的功能： 0：无效 1：有效（切换操作器的运行和参数设定的运行）	0、1	1
o2-02	STOP 键的功能选择	设定 STOP（停止）键的功能： 0：无效（运行指令来自外部端子时，STOP 键无效） 1：有效（运行中 STOP 键常时有效）	0、1	1
o2-03	用户参数设定值的保存	保存/清除 A1-03（初始化）中使用的初始值。保存用户参数设定值后，可将 A1-03 设定为 1110（用户参数设定值）。输入 1 或 2 后，设定值归 0。 0：保存保持/未设定 1：保存开始（将设定参数值作为用户参数设定值保存） 2：保存清除（清除保存的用户参数设定值）	0～2	0
o2-05	频率设定时的 ENTER 键功能选择	通过操作器的频率指令监视来改变频率指令时，选择是否需要 ENTER 键： 0：需要 ENTER（确定键） 1：不需要 ENTER 键 设定为 1 时，可不用按 ENTER 键即可操作频率设定值，该设定值即为频率指令	0、1	0
o2-07	通过操作器运行接通电源时的旋转方向选择	0：正转 1：反转 仅当操作器有运行指令权时有效	0、1	0
U1：状态监视				
U1-01	频率指令	显示频率指令值（显示单位可通过 o1-03 进行变更）		
U1-02	输出频率	显示输出频率（显示单位可通过 o1-03 进行变更）		
U1-03	输出电流	显示输出电流		

续表

参数	名　称	内　容	设定范围	出厂设定
		U1：状态监视		
U1-04	控制模式	确认 A1-02（控制模式的选择）中设定的控制模式。 0：无 PG V/f 控制 2：无 PG 矢量控制 5：PM 用无 PG 矢量控制	PG：旋转编码器，测量转速； V/f 控制：电压频率控制，没有矢量的区别，在低速下转矩有所下降； 矢量控制：以速度为给定值来控制，在低频时有较大的启动转矩，适用于一些重载场合	
U1-05	电动机速度	显示检出的电动机速度（设定/显示单位可通过 o1-03 进行变更）		
U1-06	输出电压指令	显示变频器内部的输出电压指令值		

 【阅读材料】

其他交流电动机

一、单相异步电动机

单相异步电动机是由单相电源供电的小功率电动机。它常用在电风扇、洗衣机、空调器、电冰箱等家用电器及电动工具中。电容分相式和罩极式单相异步电动机的外形，如图 1-3-15（a）、（b）所示。单相异步电动机的结构与三相鼠笼式异步电动机相似，转子是鼠笼式，而定子绕组是单相的，如图 1-3-15（c）所示。

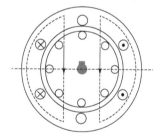

（a）电容分相式　　　　　　　　（b）罩极式　　　　　　　　（c）结构与磁场

图 1-3-15　单相异步电动机

当定子绕组通入单相交流电时，所产生的磁场是脉动的：磁场上半周方向向下，下半周方向向上，它的轴线在空间里是不变的。这样的磁场不可能使转子启动，因此，单相异步电动机必须有附加启动设备，才能使转子获得启动转矩。常用的启动方法有分相法和罩极法两种。

1．电容分相式单相异步电动机

电容分相式单相异步电动机的绕组结构与接线如图 1-3-16 所示。它的定子铁芯内表面槽中嵌有两个绕组：一个为工作绕组 U1U2；另一个为与电容 C 相串联的启动绕组 V1V2，两个绕组在空间相差 90°。

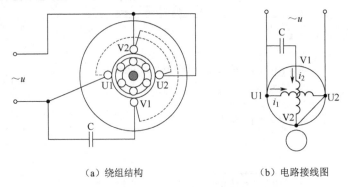

（a）绕组结构　　　　　　　（b）电路接线图

图 1-3-16　电容分相式单相异步电动机

当电动机接通单相交流电时，两个绕组分别流入相位差近似 90°的两个电流，它们的合成磁场是旋转的，鼠笼式转子便在旋转磁场的作用下旋转起来，如图 1-3-17 所示。

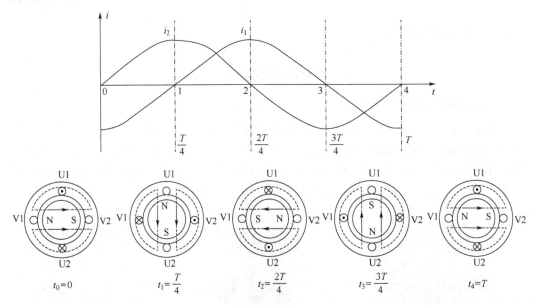

图 1-3-17　电容分相式单相异步电动机旋转磁场

若要改变电动机的旋转方向，可通过切换开关把电容器改接到另一个绕组上，或将任意绕组的两端换接。

采用分相法的单相异步电动机还有电容启动、电容启动及运行、双值电容、电阻启动等类型。其他类型单相异步电动机的电路接线图如图 1-3-18 所示。

2．罩极式单相异步电动机

罩极式单相异步电动机如图 1-3-19 所示。转子仍为鼠笼式，而定子磁极上开有一槽口，将磁极分成大小两部分，在较小磁极上套有一金属短路环，称为罩极。在磁极上绕有单相绕组，当通入单相交流电时，铁芯中便产生交变磁通。在交变磁通的作用下，铜环中产生感应电流。感应电流的磁场总是阻碍原磁场的变化，使罩极穿过的磁通在时间上滞后于未罩铜环部分穿过的磁通，就好像磁通总是从未罩部分向罩极方向移动。总体上看，好像磁场在旋转，从而获得启动转矩，转子便沿着磁场移动的方向旋转。

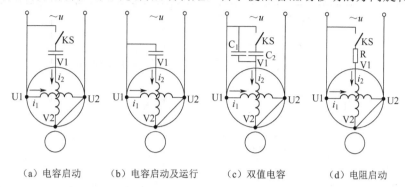

| （a）电容启动 | （b）电容启动及运行 | （c）双值电容 | （d）电阻启动 |

图 1-3-18 其他类型单相异步电动机的电路接线图

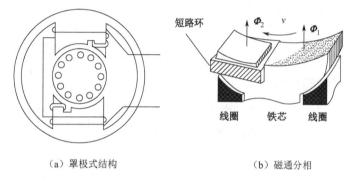

（a）罩极式结构　　　　　　（b）磁通分相

图 1-3-19 罩极式单相异步电动机

罩极上的铜环是固定的，而磁场总是从未罩部分向罩极方向移动，所以磁场的旋转方向是不变的。因此，罩极式单相异步电动机不能改变转向。

罩极式单相异步电动机的启动转矩较电容分相式单相异步电动机的小，一般用在空载或轻载启动的台扇、排风机等设备中。

在单相异步电动机中，容量最小的是罩极式单相异步电动机，功率一般为 30～40W；电阻分相式的单相异步电动机，容量一般为几十至几百瓦；电容分相式单相异步电动机容量最大，功率可达几千瓦。

3. 小功率三相电动机改为单相电动机运行

在生产中，如果有单相电动机突然损坏而无备件时，可将小功率三相电动机改接成单相电动机使用（常用于 1kW 以下）。只是改接后的电动机运行状态不在最佳状态，输出功率也比原来的小。

电动机从原来的三相运行变成单相运行，必须依靠串接电容器来移相，才能产生旋转磁场。电容器与定子三相绕组的接法很多，常用的接法有星形接法和三角形接法两种。其接线图及运行电容器的电容量和电压的计算公式见表 1-3-5。

表 1-3-5　三相异步电动机改接成单相异步电动机的接线图及其电容量和电压的计算公式

接　法	电路接线图	电容量 $C/\mu F$	电容电压 U_C/V
星形接法	U1 U2 V2 W2 W1 V1 C ～220V	（800～1600）I/U	$1.6U$
三角形接法	W2 U1 W1 V2 V1 U2 C ～220V	（2400～3600）I/U	$1.6U$

备注：U 为电动机绕组上的电压，一般为 220V；I 为三相异步电动机相电流额定值

二、三相同步电动机

同步电动机与异步电动机的区别在于负载变动时，电动机转速恒为同步转速，同步电动机的转速 n_2 和旋转磁场的同步转速 n_1 相同，与电源的频率保持严格的比例关系，即 $n_2 = n_1 = 60 f / p$。

与异步电动机相比，同步电动机的功率因数高，在运行时，它不仅不使电网功率因数降低，反而能改善电网的功率因数。随着工业迅速发展，一些大功率生产机械越来越多地使用同步电动机拖动。另外，在家用电器、电钟等设备中，也使用一种反应式微型同步电动机。

1. 同步电动机的结构

同步电动机也是由定子和转子两个基本部分组成的，如图 1-3-20 所示。

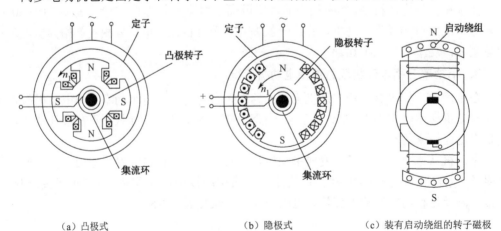

（a）凸极式　　　　　　　　（b）隐极式　　　　　　　（c）装有启动绕组的转子磁极

图 1-3-20　同步电动机结构示意图

（1）定子：同步电动机的定子与三相异步电动机没有什么区别，也是由机座、定子铁芯和三相绕组等组成，在通入交流电后产生旋转磁场。定子绕组也称为电枢。

（2）转子：同步电动机的转子是磁极，其铁芯上绕有励磁绕组，用直流励磁。同步电动机的轴上装有两只滑环，直流励磁电流经此通入励磁绕组。由于转子的构造不同，同步电动机可分为显极式和隐极式两种类型。

2．同步电动机的工作原理

当同步电动机的定子（电枢）绕组与三相交流电接通，三相电流就要产生旋转磁场。如果这时已被励磁的转子原来是静止的，那么它也不会自己转动起来，因为在转子磁极（如 N 极）的前面转过电枢旋转磁场的 S_0 极时，转子受到向前的引力（异性磁极相吸）。但是转子和转轴上的机械是有惯性的，而电枢磁场转得又快（$n=60f/p$），这样转子磁极还未来得及转动，电枢磁场的 N_0 极就又转过来了，于是转子又受到向后的斥力（同性磁极相斥）。其结果是，转子受到的平均转矩为零。因此，同步电动机没有启动能力。

在转子磁极的极掌上装有和鼠笼式绕组相似的启动绕组，让同步电动机能像异步电动机那样先启动起来（转子尚未励磁，外接电阻）。当电动机的转速接近同步转速时，再将开关扳回励磁机使转子励磁。这时，旋转磁场就能紧紧地牵引转子一起转动，以后两者转速便保持相等（同步），即 $n_2=n_1=60f/p$。

当电源频率一定时，同步电动机的转速是恒定的，不随负载而变，所以它的机械特性曲线是一条与横轴平行的直线。

3．同步电动机的运行特点

同步电动机在运行时的另一个重要特性是：改变励磁电流 I_f，以及改变电压 U 与电流 I 之间的相位差（电流大小也变化），可使同步电动机运行于电感性、电容性或电阻性三种状态。

设与某一励磁电流 I_{f0} 对应的电动势为 E_0，这时电压 U 与电流 I 同相，同步电动机运行于电阻性状态 $\cos\varphi=1$，且电流最小；若使励磁电流减小（欠励），这时电流滞后电压，电动机运行于电感性状态；若使励磁电流增大（过励），这时电流导前电压，电动机运行于电容性状态。在同步电动机的功率和电源电压保持不变的条件下，同步电动机的电枢电流 I 和功率因数 $\cos\varphi$ 与励磁电流 I_f 的关系可描述为 V 形曲线，如图 1-3-21 所示。

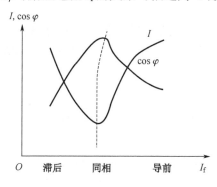

图 1-3-21　同步电动机的 V 形曲线

通过励磁电流的调节能控制同步电动机的功率因数及其运行状态，利用过励时的电容性状态以提高电网的功率因数。同步电动机在过励下空载运行，用于补偿电网滞后的功率因数，这种专用的同步电动机称为同步补偿机。

 完成工作任务指导

一、工具与器材准备

1．工具

活动扳手、内六角扳手、直角尺、游标卡尺、橡胶锤、钢锯、剪刀、螺钉旋具、剥线钳、压线钳等。

2．器材

实训台、计算机、万用表、兆欧表、钳形表、工业线槽、1.0mm² 红色和蓝色多股软导线、1.0mm² 黄绿双色 BVR 导线、0.75mm² 黑色和蓝色多股导线、冷压接头 SVϕ1.5-4、号码管、缠绕带、捆扎带，其他器材清单见表 1-3-6。

表 1-3-6　器材清单表

序　号	名　　称	型号/规格	数　　量
1	三相异步电动机	YS7124	1 台
2	单极熔断器	RT18-32 3P/熔体 6A	2 只
3	可编程控制器	FX3U-32MT/ES-A	1 只
4	变频器	CIMR-VC(B)BA0003BBA	1 台
5	按钮指示灯模块	—	1 只
6	接线端子排	TB-1512	3 条
7	安装导轨	C45	若干
8	通信线	—	1 条

二、控制电路安装

1．元器件选择与检测

根据图 1-3-1 所示电气控制电路原理图和表 1-3-6 所列器材清单表，正确选择本次工作任务所需的元器件，并对所有元器件的型号、外观及质量进行检测。

2．线槽和元器件安装

（1）线槽安装

根据图 1-3-2 布置图中线槽的尺寸，将线槽牢固安装于实训台右侧钢质多网孔板上。

（2）元器件安装

将已检测好的元器件按图 1-3-2 所示的位置进行排列放置，并安装固定。

（3）电动机安装

三相异步电动机的安装步骤与任务 1-1 相同。

3．控制电路接线

根据电气控制电路原理图和电气元件布置图，按接线工艺规范要求完成：

（1）主电源与 PLC、变频器连接电路的接线；

（2）开关指示灯盒与 PLC 输入端子（X）连接电路的接线；

（3）PLC 输出端子（Y）与变频器多功能输入端子连接电路的接线；

（4）变频器与电动机连接电路的接线。

三、PLC 控制程序编写

1．画工作流程图

分析控制要求不难发现：工作过程可分为低速运行状态、高速运行状态及停止状态，停止状态也就是初始状态。按工作流程图来说，低速运行过程与高速运行过程属于选择性分支。其工作流程图如图 1-3-22 所示。

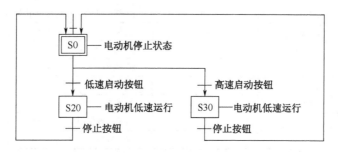

图 1-3-22　工作流程图

2．编写 PLC 控制程序

步进指令的梯形图程序如图 1-3-23 所示，仅供参考。

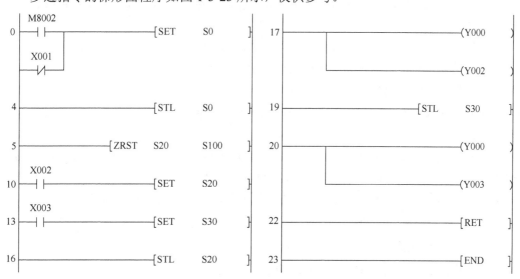

图 1-3-23　步进指令的梯形图程序

四、变频器参数设置

根据控制要求，设置变频器相关参数。需要设置的变频器参数见表 1-3-7。其中，参数代号 H1-05、H1-06 均设置为"F"，是因为多功能输入端子 S5、S6 出厂设置功能为多段速指令 1、多段速指令 2，而多段速指令 1、多段速指令 2 被多功能输入端子 S3、S4 占用，所以要对 S5、S6 重新设置，否则变频器就无法正常运行。

表 1-3-7　需要设置的变频器参数

序　号	参 数 代 号	参 数 值	说　　明
1	A1-03	2220	初始化
2	b1-01	1	频率指令/出厂值
3	b1-02	1	运行指令/出厂值
4	c1-01	4.0	加速时间
5	c1-02	1.5	减速时间
6	H1-01	40	S1 端子选择：正转指令/出厂值
7	H1-02	41	S2 端子选择：反转指令/出厂值
8	H1-03	3	S3 端子选择：多段速指令 1
9	H1-04	4	S4 端子选择：多段速指令 2
10	d1-02	25	频率指令 2
11	d1-03	50	频率指令 3
12	H1-05	F	端子未被使用/避免与 S3 端子冲突
13	H1-06	F	端子未被使用/避免与 S4 端子冲突

五、控制电路调试

1. 电路检查

（1）检查电路接线是否正确，有无漏接、错接之处；检查导线接点是否符合要求，号码管编号与原理图是否一致。

（2）用万用表 R×1 或 R×10 挡检查电路的通/断情况，防止短路故障的发生。

（3）用兆欧表检查电路的绝缘电阻值，应小于 2MΩ。

2. 设置变频器参数

接通变频器电源，可根据表 1-3-7 所列的相关参数进行设置，最后将其恢复至频率监视模式。

说明：参数初始化后，频率指令和运行指令均来源于外部端子信号，参数代号 b1-01、b1-02 不必再设置。但此时变频器面板上"LO/RE"选择键 RE 的功能仍然有效，即按下此键，运行指令将由外部 RE 输入切换为面板 LO 输入，从而妨碍变频器的正常运行。

3. 下载 PLC 程序（略）

4. 调试控制电路

控制电路的安装与调试如图 1-3-24 所示。

（a）控制电路的安装

（b）控制电路的调试

图 1-3-24　控制电路的安装与调试

当调试控制电路时，必须有指导老师在现场监护！

（1）合上电源总开关，按下启动按钮 SB2 或 SB3，使电动机转动起来；按下停止按钮 SB1，使电动机停止转动。

注意观察电动机运行是否正常，频率是否正确，控制要求是否符合。

在调试控制电路中，若发现异常现象，应及时停电进行检修。检修完毕，经指导老师同意后方可再次通电试车。

（2）在电路调试结束后，先断开电源总开关，然后拆卸电路，最后整理实训台。

六、工作任务评价表

请填写模拟双速电动机运行控制电路安装与调试工作任务评价表，见表 1-3-8。

表 1-3-8　模拟双速电动机运行控制电路安装与调试工作任务评价表

序　号	评价内容	配　分	评价细则	学生评价	老师评价
1	工具与器材准备	10	（1）工具少选或错选，扣 2 分/个； （2）元器件少选或错选，扣 2 分/个		
2	电路安装	40	（1）元器件检测不正确或漏检，扣 2 分/个； （2）工业线槽不按尺寸安装或安装不规范、不牢固，扣 5 分/处； （3）元器件不按图纸位置安装或安装不牢固，扣 2 分/只； （4）电动机安装不到位或不牢固，扣 10 分/台； （5）不按电气控制电路原理图接线，扣 20 分； （6）接线不符合工艺规范要求，扣 2 分/条； （7）损坏导线绝缘层或线芯，扣 3 分/条； （8）导线不套号码管或不按图纸编号，扣 1 分/处		
3	电路调试	40	（1）通电试车前未做电路检查工作，扣 15 分； （2）电路未做绝缘电阻检测，扣 20 分； （3）万用表使用方法不当，扣 5 分/次； （4）变频器参数设置不正确，扣 3 分/个； （5）通电试车不符合控制要求，扣 10 分/项； （6）通电试车时，发生短路跳闸现象，扣 10 分/次		

序 号	评价内容	配 分	评 价 细 则	学生评价	老师评价
4	职业与安全意识	10	（1）未经允许擅自操作或违反操作规程，扣 5 分/次； （2）工具与器材等摆放不整齐，扣 3 分； （3）损坏器件、工具或浪费材料，扣 5 分； （4）完成工作任务后，未及时清理工位，扣 5 分； （5）严重违反安全操作规程，取消考核资格		
	合计	100			

思考与练习

一、填空题

1. 改变电动机转速的三种方法分别是改变_____（f_1）、_____（p）和_____（s）。

2. 4/2 极双速电动机绕组作三角形连接时，电动机为_____速，极对数为_____；绕组作双星形连接时，电动机为_____速，极对数为_____。同步转速分别是_____r/min 和_____r/min。

3. 图 1-3-7 所示控制电路，按下按钮 SB2，交流接触器_____得电，电动机_____速启动；按下按钮 SB3，交流接触器_____得电，电动机_____速启动。按下_____，电动机停止转动。

4. 变频器是一种利用电力半导体器件的_____作用将工频电源的频率转换为另一频率的电能控制器。通用变频器几乎全都是_____型变频器。

5. 当单相异步电动机定子绕组通入单相交流电时，所产生的磁场是_____的，这样的磁场_____（可能、不可能）使转子转动起来。常用的启动方法有_____和_____。

6. 当电源频率一定时，同步电动机的转速是_____的，不随负载而变，所以它的机械特性曲线是一条_____。改变励磁电流大小，可以使同步电动机运行于_____、_____或_____三种状态。

二、简答题

1. 鼠笼式和绕线式电动机分别用什么方法进行调速？
2. 简述双速电动机的调速方法。
3. 简述变频器面板上"LO/RE""STOP"键的使用方法。

三、实操题

模拟双速电动机运行电气控制电路原理图如图 1-3-1 所示。按下按钮 SB2（或 SB3），电动机以 20Hz（或 40Hz）运行，运行中按下按钮 SB1，电动机停止转动。低速运行后可直接切换到高速，而高速运行不能切换到低速。根据控制要求，请完成以下工作任务：

（1）控制电路的安装；
（2）PLC 程序的编写及变频器相关参数的设置；
（3）调试控制电路，实现控制要求的所有功能。

任务 1-4 三相异步电动机多段速运行 控制电路安装与调试

工作任务

某三相异步电动机多段速运行时，需要通过触摸屏上的点动按钮来改变电动机的运行方向和在多段速度之间相互转换。电气控制电路原理图如图 1-4-1 所示，电气元件布置图如图 1-4-2 所示。

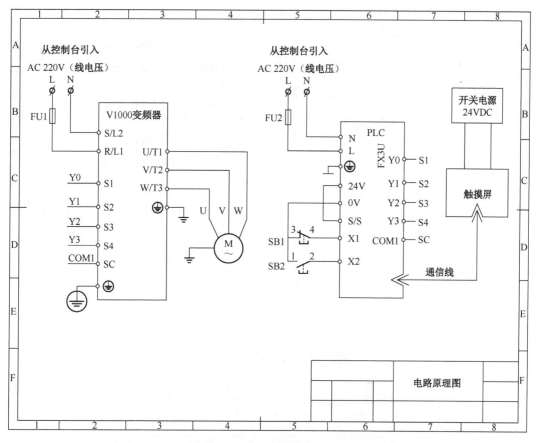

图 1-4-1 电气控制电路原理图

触摸屏画面说明：如图 1-4-3 所示，触摸屏上的"速度 1"到"速度 4"按钮对应变频器设置的一个速度。变频器控制电动机工作前，先选择速度按钮、正转或反转按钮，再按下启动按钮（或 SB2），变频器按选定的速度和方向运行。此时，按下其他速度按钮、正转按钮及反转按钮均无效。只有先按下停止按钮（或 SB1），变频器停止工作后才能再次选择其他速度及方向。根据控制要求，请完成下列工作任务：

（1）根据电气控制电路原理图正确选择电气元件。

（2）根据电气元件布置图安装工业线槽、电气元件。要求器件排列整齐，安装牢固不松动。

（3）根据电气控制电路原理图安装控制电路，安装电路应符合工艺规范要求。

（4）根据控制要求，设置变频器相关参数。

① 多段速运行的频率：10Hz、20Hz、30Hz、40Hz。

② 加速时间为2.0s，减速时间为1.0s。

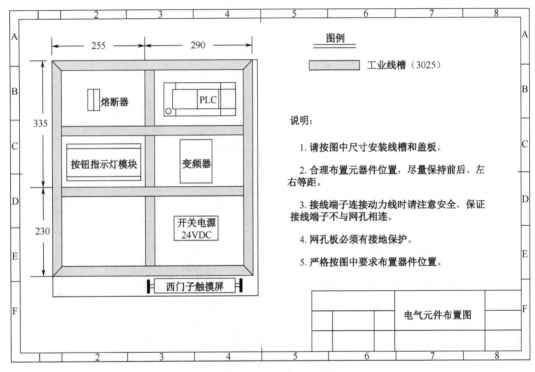

图 1-4-2　电气元件布置图

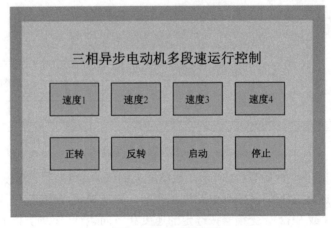

图 1-4-3　触摸屏画面

（5）根据控制要求，编写 PLC 程序、触摸屏程序。

（6）调试控制电路，实现控制要求的所有功能。

相关知识

触摸屏又称触控面板，是感应式液晶显示装置。当接触屏上的图形按钮时，屏幕上的触觉反馈系统可根据预先编写的程序驱动各种连接装置，并通过液晶显示画面制造出生动的影音动画效果。触摸屏具有操作简单、便捷、人性化、功能强大等优点，因此，它作为一种新型的人机界面已被广泛应用于工业生产和日常生活中。

一、西门子触摸屏

Smart 700 西门子触摸屏的外观及硬件接口如图 1-4-4 所示，各种通信数据连接线如图 1-4-5 所示。

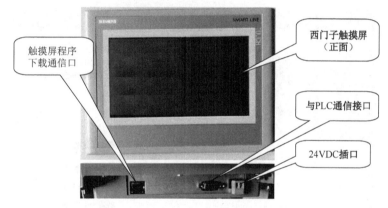

图 1-4-4　西门子触摸屏外观及硬件接口

图 1-4-5　设备之间通信用的数据连接线

西门子触摸屏使用 24V DC 电源，用通信线与计算机连接，用组态软件读出或写入触摸屏设置的参数，用通信线把触摸屏的 COM 口和相应的 PLC 端口连接起来进行通信，其通信连接示意图如图 1-4-6 所示。当触摸屏参数设置好后，使用触摸屏就像操作指令开关一样操作 PLC，而 PLC 的很多信息又可在触摸屏上实时形象地显示出来，如指示灯、报警信息等。

图 1-4-6　通信连接示意图

二、触摸屏编程软件的使用

通过创建"Smart 700IE"项目学习触摸屏编程软件的使用方法及操作步骤。

1. 打开编程软件界面

触摸屏组态软件安装后，在计算机桌面上会出现图标，双击图标即可打开触摸屏编程软件 SIMATIC WinCC flexible 2008。编程软件界面如图 1-4-7 所示。

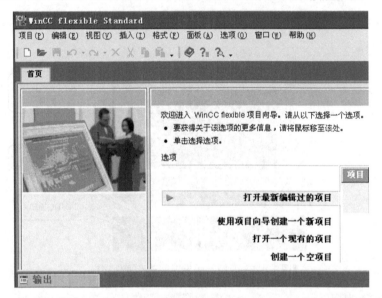

图 1-4-7　WinCC flexible 2008 界面

2. 创建一个空项目

单击"项目"里的"创建一个空项目"选项，会弹出如图 1-4-8 所示的"设备选择"对话框。

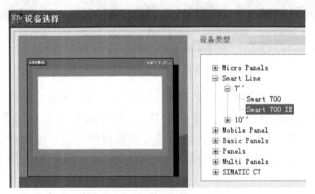

图 1-4-8　"设备选择"对话框

依次单击"Smart Line"→"7""→"Smart 700 IE",然后单击"确定"按钮,进入编辑界面,如图 1-4-9 所示。

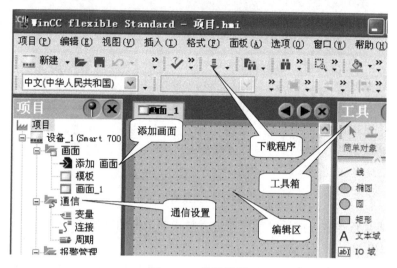

图 1-4-9 编辑界面

3. 通信设置

(1) 通信驱动程序设置

在编辑界面左侧的"项目"菜单中,双击"通信"下的"连接"选项,会弹出如图 1-4-10 所示的界面,在此界面中选择通信驱动程序"Mitsubishi FX"(三菱软件),通信驱动程序连接的设置完成。

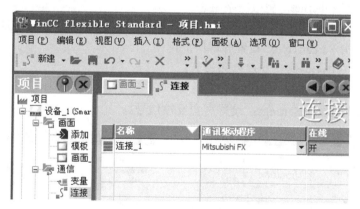

图 1-4-10 通信驱动程序连接的设置

(2) 变量表的建立

再次双击左侧"项目"菜单中"通信"下的"变量"选项,建立变量表,如图 1-4-11 所示。

逐次双击"名称"下的空格处,会自动生成"变量_1""变量_2"…,"数据类型"选择"Bit"(开关型)或"Word"(数值型);"地址"选择"M、D、X、Y"(开关型)或"D、T"(数值型)等与 PLC 程序有关联的变量。

特殊情况下,变量属性还可选择与 PLC 无关、仅属于触摸屏的"内部变量",这时

"数据类型"将选择"Bool"（开关型）或"Byte"（数值型）。

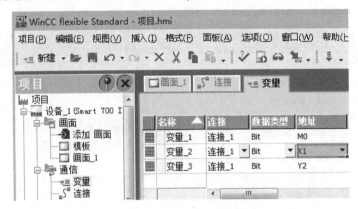

图 1-4-11   变量表的建立

变量基本属性设置完成后，就可以进行触摸屏画面的制作了。

4．工程保存

在触摸屏画面制作完成后，单击"项目"→"保存"或"另存为"，确定存盘位置及新工程的名称后，再单击"保存"按钮即可。

5．工程下载

在工程下载前，先对 HMI 设备进行组态。如图 1-4-12 所示，通过单击装载程序的"Control Panel"按钮打开控制面板，在"Control Panel"窗口中对 HMI 设备进行组态，可进行以下设置。

● 通信设置 Ethernet：更改网络组态。
● 操作设置 Op：更改监视器设置，显示关于 HMI 设备的信息，校准触摸屏。
● 屏幕保护 Screensave：设置屏幕保护程序。
● 密码保护 Password：更改密码设置。
● 传送设置 Transfer：启用数据通道。
● 声音设置 SoundSettings：设置声音反馈信号。

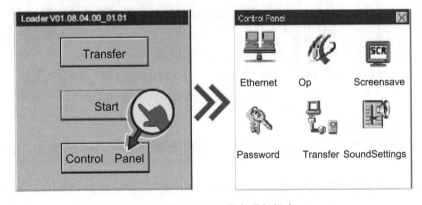

图 1-4-12   对 HMI 设备进行组态

（1）触摸屏 IP 地址设置

编程用的计算机已设置好 IP 地址，如图 1-4-13 所示。触摸屏的 IP 地址设置应按下列步骤完成：

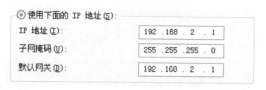

图 1-4-13　计算机 IP 地址设置

① 点击 "Ethernet" 按钮，打开 "Ethernet Settings" 对话框。

② 选择通过 DHCP 自动分配地址或执行用户特定的地址分配。

③ 如果分配用户特定的地址，请使用屏幕键盘在 "IP address"、"Subnet Mask" 和 "Def. Gateway" 文本框（如果可用）中输入有效 IP 地址，如图 1-4-14 所示。

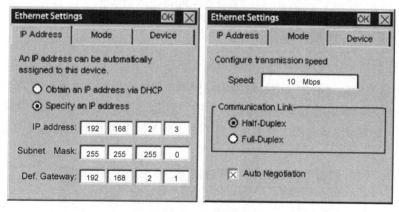

图 1-4-14　触摸屏 IP 地址设置

④ 切换至 "Mode" 选项卡。

⑤ 在 "Speed" 文本框中，输入以太网络的传输速率：10Mbps 或 100Mbps。

⑥ 选择 "Half-Duplex" 或 "Full-Duplex" 作为连接模式。

⑦ 如果激活 "Auto Negotiation" 复选框，将会自动检测和设置以太网网络的连接模式和传输速率。

⑧ 切换至 "Device" 选项卡。

⑨ 为 HMI 设备输入网络名称。

⑩ 单击 "OK" 按钮关闭对话框并保存设置。

（2）工程下载

在通信线连接正确的情况下，依次单击 "项目" → "传送" → "传输"，此时会弹出 "选择设备进行传送" 对话框，如图 1-4-15 所示。模式选择 "以太网"，"计算机名或 IP 地址" 按 PLC 的 IP 地址填写："192.168.2.3"（前三位必须与编程用计算机的 IP 地址一致，最后一位与触摸屏设置 IP 地址的最后一位相同）。然后单击 "传送" 按钮即可完成工程的下载。

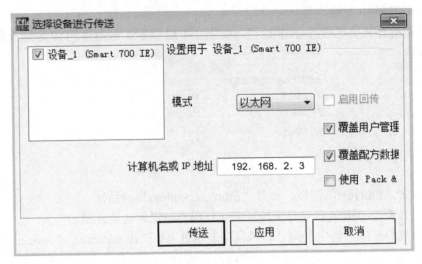

图 1-4-15 "选择设备进行传送"对话框

三、触摸屏画面制作基础

1．按钮制作

完成变量表的建立后，双击编辑界面左侧"项目"菜单中"画面"下的"添加画面"选项，可任意增加画面的数量。再选择其中的"画面_1"，进行基本控件（如按钮、开关及指示灯等）的制作（从右侧工具箱的"简单对象"拖出或单击所要的构件），如图 1-4-16所示。

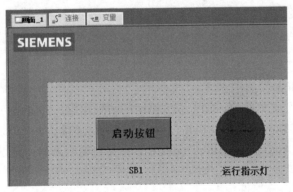

图 1-4-16 触摸屏简单画面

单击图 1-4-16 中的"启动按钮"构件，分别设置常规、属性、动画及事件。

① 常规 在"常规"下设置文本内容，如"启动按钮"。

② 属性 在"属性"下设置其外观（前景色，背景色）、布局（位置与大小）、文本（字体，样式，大小，对齐）、闪烁、安全及其他等。

③ 动画 在"动画"下设置外观、启用对象、对角线移动、水平移动、垂直移动、直接移动及可见性。特殊类型的按钮或开关才需要设置该项内容。

④ 事件 在"事件"下可设置单击、按下、释放、激活、取消激活、更改等内容。单击"按下"选项，会弹出如图 1-4-17 所示的按钮构件函数列表。依次单击"系统

函数"→"编辑位"→选择"SetBit"，同时变量名称选择"变量_1"；用同样的方法，依次单击"释放"→"系统函数"→"编辑位"→选择"ResetBit"，同时变量名称选择"变量_1"。

图 1-4-17　按钮构件的函数列表

2．指示灯制作

单击编辑界面中的"运行指示灯"构件，分别设置属性、动画。

① 属性　在"属性"下设置其外观（边框颜色，填充颜色，填充样式）、布局（位置，大小及几何）、闪烁及其他等。

② 动画　在"动画"下设置外观、对角线移动、水平移动、垂直移动、直接移动及可见性。

单击"外观"选项，会弹出如图 1-4-18 所示的对话框。勾选图 1-4-18 中的"启用"选项，然后依次选择"变量"→"变量_3"，"类型"→"位"；再设置其变量值为 0 或为 1 时的背景色。例如，变量值为 0 时表示不运行，指示灯为红色；变量值为 1 时表示运行，指示灯变为橙色。

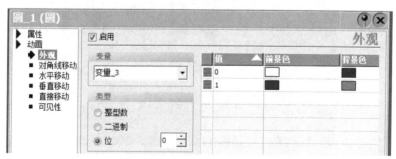

图 1-4-18　指示灯构件的外观设置

3．多画面切换制作

（1）按钮作画面切换用

将编辑界面右侧工具箱的"简单对象"里的"按钮"拖入编辑界面内，然后单击"返回第一页"按钮构件，分别设置常规、属性、动画及事件。

① 常规　在"常规"下设置文本内容，如"返回第一页"。

② 属性　在"属性"下设置其外观（前景色，背景色）、布局（位置与大小）、文本（字体，样式，大小，对齐）、闪烁、安全及其他等。

③ 动画　在"动画"下设置外观、启用对象、对角线移动、水平移动、垂直移动、

直接移动及可见性。一般情况下无须设置该项内容。

但是，当此按钮受某一条件限制时，如电动机停止时按下此键才有效，就必须对"启用对象"进行设置。设置：勾选"启用"选项；"变量"设置为"变量_5（如电动机启动标志）"；"对象状态"设置为"启用"。上述设置表示：变量_5=0，电动机停止，按下此键有效。

④ 事件　在"事件"下可设置单击、按下、释放、激活、取消激活、更改等内容。

单击"单击"选项，会弹出"函数列表"对话框。依次选择"系统函数"→"画面"→"ActivateScreen"，同时"画面名"选择为"画面-1"（指目标画面）。

（2）外部按钮作画面切换用

由 PLC 程序定义：闭合外部按钮（X1=1），辅助继电器 M100=1，而变量 M100=1 将作为画面切换的条件。设置方法和步骤如下：

① 依次选择"项目"→"通信"→"变量"，然后双击"变量"选项，会出现变量表。直接设置变量 M100 的属性。设置内容有常规、属性、事件（更改数值，上限，下限）。

② 依次选择"事件"→"更改数值"，会弹出"函数列表"对话框，单击"系统函数"→"画面"→"ActivateScreen"，同时"画面名"选择为"画面-1"（指目标画面）。

4．水平移动动画制作

如图 1-4-19 所示，行程开关 S1～S5 分别闭合时，汽车将停止在相应的位置上。左限位、1～3 号位、右限位均为按钮类型，并将 S1～S5 位置分为四等分，这种水平移动动画的制作方法介绍如下。

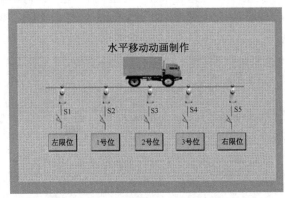

图 1-4-19　水平移动动画制作示例

（1）给汽车赋予一个数值变量，可以是与 PLC 有关的 D 变量，也可以是与 PLC 无关的"内部变量 Byte"。

单击界面中"汽车"构件，设置图形视图的属性（常规、属性、动画）。

（2）依次单击"动画"→"水平移动"，弹出如图 1-4-20 所示的对话框。

设置：勾选启用选项，"变量"设置为"变量_24"，"范围"从 0 至 4，最后设置"起始位置"与"结束位置"。

（3）单击界面中"1 号位"按钮构件，弹出如图 1-4-21 所示的对话框。可设置其常规、属性、动画及事件（单击，按下，释放，激活，取消激活，更改）内容。

设置：依次单击"事件"→"单击"，弹出"函数列表"对话框。依次单击"系统函数"→"计算"→"SetValue",同时"变量(输出)"选择"变量_24";变量"值"设为"1"。在设置其他按钮时,变量"值"设定为0、2、3、4。

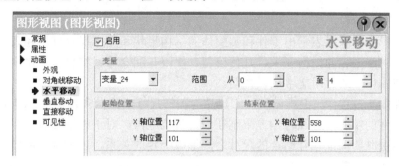

图 1-4-20　"图形视图"对话框

图 1-4-21　"按钮构件"对话框

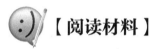【阅读材料】

机械安装与电动机绕组检测

一、机械安装

在 YL-163A 型电动机装配与运行检测实训考核装置中,中间轴传动机构和边缘轴传动机构是两个重要的配合件,其中,转轴、轴承、齿轮、弹性联轴器等都是一些重要的零部件。

1．机械图样的识读

机械图样一般包括零件图和装配图。在机械设计和安装过程中都必须用到零件图和装配图,作为一名工程技术人员,必须具有识读机械图样的能力。

在机械零件图中,表示出零件的形状、大小和主要技术要求,来作为零件加工与检测的依据;在机械装配图中,表示出装配体及其组合部件的连接关系,用于指导装配体的装配、安装与使用。

读零件图的一般方法是:先看懂三视图,想象出零件的形状、大小轮廓;然后再看懂图中标注的尺寸及技术要求等内容;在分析各视图之间关系的基础上,最后确定零件的整体结构形状。

读装配图的方法与读零件图的方法相似,在读懂零件图的基础上进一步了解各零件之间的位置关系、装配关系及装卸的顺序,了解各零件的基本结构和作用。通过读图,分析装配体是由哪些零部件组成的，标准件还是非标准件；通过读图，学会分析整个装配体的工作原理。

2. 公差与配合

机械图样中，除了表示出零件和装配体的结构形状和基本尺寸外，还表示出一些重要的技术要求，如表面结构要求、几何公差、极限与配合等。将这些技术要求用符号、代号标注在图中，或者用文字加以说明。

在零件加工过程中，很难做到加工尺寸与图样尺寸一致，总会有一定的偏差。但是，为了保证零件的精度，必须将偏差限制在一定的范围内。对于相互配合的零件，如孔与轴，这个范围既要保证相互结合的尺寸之间形成一定的关系，以满足不同的使用要求，又要考虑到经济效益。

（1）尺寸的一般标注

尺寸的一般标注包含公称尺寸、上极限偏差和下极限偏差，以某轴的图样尺寸 $\phi19^{-0.020}_{-0.053}$ 为例说明。

① 公称尺寸=19mm，即为理想尺寸。

② 极限偏差。上极限偏差=-0.020；下极限偏差=-0.053。

③ 极限尺寸。上极限尺寸＝19+（-0.020）=18.980mm，下极限尺寸＝19+（-0.053）=18.947mm，这表明该尺寸的变动范围为 18.947～18.980mm。实际尺寸必须控制在这个范围内才算符合技术要求。

④ 尺寸公差。尺寸公差=上极限偏差-下极限偏差=上极限尺寸-下极限尺寸=0.033。

（2）尺寸的另一种标注

孔的尺寸标注$\phi25H7$：公称尺寸为 25mm；公差带代号为 H7。从"常用孔公差带的极限偏差表"中查得，上极限偏差=0.021；下极限偏差=0；公差=0.021。

轴的尺寸标注$\phi25h8$：公称尺寸为 25mm；轴的公差带代号为 h8。从"常用轴公差带的极限偏差表"中查得，上极限偏差=0；下极限偏差=-0.033；公差=0.033。

（3）配合形式

把公称尺寸相同的、相互结合的孔和轴公差带之间的关系称为配合。根据使用要求的不同，可分为以下三种不同的配合形式。

① 间隙配合。间隙配合中孔的下极限尺寸大于或等于轴的上极限尺寸。也就是说，最小孔的尺寸大于或等于最大轴的尺寸。

② 过盈配合。过盈配合中孔的上极限尺寸小于或等于轴的下极限尺寸。也就是说，最大孔的尺寸小于或等于最小轴的尺寸。

③ 过渡配合。过渡配合是介于间隙配合和过盈之间的一种配合形式。

配合形式的代号用分数形式表示，分子为孔的公差带代号，分母为轴的公差带代号。在标注时，将配合代号标注在公称尺寸之后，如配合件尺寸标注为 $\phi25\dfrac{H7}{h8}$。

3. 机械安装

YL-163A 型电动机装配与运行检测实训考核装置的测试平台上安装有传动轴，通过联轴器的连接，电动机将能量传递给扭矩传感器和磁粉制动器，随着磁粉制动器的加载，扭矩传感器将输出与转矩和转速相应的电信号，在仪表盘上实时显示转矩和转速值。

机械安装工艺规范有以下几点要求：

① 电动机与电动机支架的安装要安全可靠，安装后的电动机不能有晃动、安装螺钉不应有松动等现象。

② 轴承、轴承座、齿轮副安装方法应符合工艺步骤和规范，安装后的轴承座、轴承端盖螺钉不应有松动现象。

③ 轴承、轴承座、齿轮副、电动机与电动机支架应在所设定的装配区进行安装，轴键、线槽的制作应远离电气安装区。

④ 电动机与传动轴中间应选择合适的弹性联轴器，安装后的联轴器轴深应使两个被连接体均能可靠安装在相应的位置，调整好轴深后，联轴器应与所连接的轴体固定锁紧、弹性垫松紧合适。

⑤ 所安装的传动系统（电动机、传动轴、扭矩传感器等）同轴度合适，系统运行平稳、灵活，无明显的阻滞和机械振动。

⑥ 所安装的传动机构各零部件，不应有明显轴向串动和纵向跳动，所安装的各零部件在安装前要进行必要的测量，其数据应按任务书要求记录。

中间轴传动机构的装配方法和步骤如图 1-4-22 所示。

（a）装入轴承（或用橡胶锤轻敲）

（b）用 3mm 内六角扳手紧固端盖螺栓

（c）装入齿轮

（d）装入挡块

图 1-4-22　中间轴传动机构的装配方法和步骤

（e）装入齿轮支架（座）

（f）用 5mm 内六角扳手紧固底座螺栓

（g）用 5mm 内六角扳手紧固联轴器螺栓

（h）用手拨动齿轮，测试机构安装质量

图 1-4-22 中间轴传动机构的装配方法和步骤（续）

二、电动机绕组检测

1．三相绕组的首尾端

如果把 U1－V1－W1 称为三相绕组的首端，那么 U2－V2－W2 就称为三相绕组的尾端。三相绕组作星形连接时，就是把 U2－V2－W2 连接起来，U1－V1－W1 分别接入三相交流电源 L1－L2－L3；三相绕组作三角形连接时，就是将 U1—W2、V1—U2、W1—V2 首尾端相连接。

那么三相绕组的首尾端是怎样规定的呢？我们不妨把三相异步电动机的磁路比作三相变压器磁路，三相绕组就是变压器三个芯柱上的三个原边绕组，如图 1-4-23 所示。图中，当电流从 U1、V1、W1 流入时，三个芯柱的磁通方向均一致向上。所以，定义 U1－V1－W1 为首端，U2－V2－W2 为尾端。

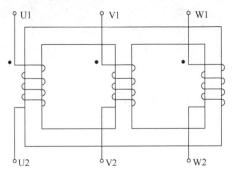

图 1-4-23 三相绕组磁路示意图

2．三相绕组首尾端的判别

用交流电压法判别三相绕组首尾端电路原理图，如图 1-4-24 所示。

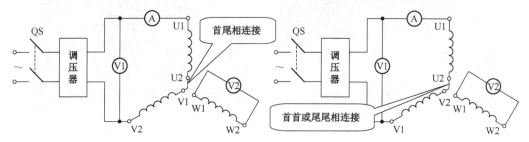

图 1-4-24　用交流电压法判别三相绕组首尾端电路原理图

（1）用万用表测出每相绕组的两端 U1—U2、V1—V2、W1—W2，并编号①～⑥。先确定①为 U1、②为 U2；③与④分别为 V1 或 V2；⑤与⑥分别为 W1 或 W2。

（2）按图 1-4-24 所示将电动机绕组中的任意两相串联（如图中 U2 与 V1 或 U2 与 V2 相连接），而另两端分别接至三相调压器的两个输出端。

（3）闭合电源开关 QS，调节调压器的输出电压为 35～70V，注意输入电流不要超过绕组的额定电流且通电时间不宜过长，以免绕组发热。

（4）用万用表测量另一相绕组 W1—W2 的电压。若万用表有一定的读数，表明所串联的两相绕组为尾端与首端相连；若万用表的读数 $U_2 \approx 0$，则表明所串联的两相绕组为尾端与尾端（或首端与首端）相连接。最终判别出 V1—V2 相绕组的首尾端。

（5）将 W1—W2 相绕组与 U1—U2 相绕组串联，用同样的方法确定 W1—W2 相绕组的首尾端。具体操作过程如图 1-4-25 所示，测量数据填入表 1-4-1 中。

（a）用手调节调压器旋钮

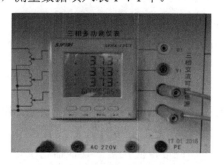

（b）从仪表盘上读出电源电压值

（c）U2 与 V1 连接，U1、V2 接电源

（d）用万用表测量 U1—V2 电压值

图 1-4-25　用交流电压法判别三相绕组首尾端的方法与步骤

（e）用万用表测量 W1—W2 电压　　　　　　　　（f）测量完毕后将接线盒盖装上

图 1-4-25　用交流电压法判别三相绕组首尾端的方法与步骤（续）

表 1-4-1　绕组首尾端判别测量数据记录表

第一组（UV 相串联后加电压，测 W 相电压）			第二组（UW 相串联后加电压，测 V 相电压）		
W1—W2 电压	编号③	编号④	V1—V2 电压	编号⑤	编号⑥

 # 完成工作任务指导

一、工具与器材准备

1. 工具

活动扳手、内六角扳手、直角尺、游标卡尺、橡胶锤、钢锯、剪刀、螺钉旋具、剥线钳、压线钳等。

2. 器材

实训台、计算机、万用表、兆欧表、钳形表、工业线槽、1.0mm² 红色和蓝色多股软导线、1.0mm² 黄绿双色 BVR 导线、0.75mm² 黑色和蓝色多股导线、冷压接头 SVϕ1.5-4、号码管、缠绕带、捆扎带，其他器材清单见表 1-4-2。

表 1-4-2　器材清单表

序　号	名　称	型号/规格	数　量
1	三相异步电动机	YS7124	1 台
2	单极熔断器	RT18-32 3P/熔体 6A	2 只
3	可编程控制器	FX3U-32MT/ES-A	1 只
4	变频器	CIMR-VC(B)BA0003BBA	1 台
5	触摸屏	Smart700	1 只
6	按钮指示灯模块		1 只
7	接线端子排	TB-1512	3 条
8	安装导轨	C45	若干
9	通信线	—	3 条

二、控制电路安装

1. 元器件选择与检测

根据图 1-4-1 所示电气控制电路原理图和表 1-4-2 所列器材清单表，正确选择本次工作任务所需的元器件，并对所有元器件的型号、外观及质量进行检测。

2. 线槽和元器件安装

（1）线槽安装

根据图 1-4-2 所示电气元件布置图中线槽的尺寸，将线槽牢固安装于实训台右侧钢质多网孔板上。

（2）元器件安装

将已检测好的元器件按图 1-4-2 所示的位置进行排列放置，并安装固定。

（3）电动机安装

三相异步电动机的安装步骤与任务 1-1 相同。

3. 控制电路接线

根据电气控制电路原理图和电气元件布置图，按接线工艺规范要求完成：

（1）主电源与开关电源模块、PLC、变频器之间连接电路的接线；

（2）开关指示灯盒与 PLC 输入端子（X）连接电路的接线；

（3）PLC 输出端子（Y）与变频器多功能输入端子连接电路的接线；

（4）变频器与电动机连接电路的接线；

（5）24V DC 电源与触摸屏电路的连接。

三、触摸屏程序编写

1. 定义按钮的变量

如图 1-4-3 所示，触摸屏画面上共有 8 个按钮，即速度选择按钮"速度 1"至"速度 4"，方向选择按钮"正转"和"反转"，控制电动机的运行按钮"启动"和"停止"。根据控制要求，设置各个按钮的变量见表 1-4-3。

表 1-4-3　设置按钮变量

序　号	按 钮 名 称	变　量	内 部 变 量	序　号	按 钮 名 称	变　量	内 部 变 量
1	停止	M0	—	5	速度 4	M4	内部变量—12
2	速度 1	M1	内部变量—9	6	正转	M5	内部变量—13
3	速度 2	M2	内部变量—10	7	反转	M6	内部变量—14
4	速度 3	M3	内部变量—11	8	启动	M7	同部变量—15

2. 建立变量表

在选择好通信驱动程序 Mitsubishi FX 后，建立变量表，见表 1-4-4。

3. 设置按钮组态

设置按钮组态主要包括常规、属性、动画、事件等内容。

表 1-4-4　变量表

名　　称	连　　接	数 据 类 型	地　　址	注　　释
变量_1	连接_1	Bit	M0	停止按钮
变量_2	连接_1	Bit	M1	速度 1
变量_3	连接_1	Bit	M2	速度 2
变量_4	连接_1	Bit	M3	速度 3
变量_5	连接_1	Bit	M4	速度 4
变量_6	连接_1	Bit	M5	正转
变量_7	连接_1	Bit	M6	反转
变量_8	连接_1	Bit	M7	启动按钮
变量_9	<内部变量>	Bool	<没有地址>	速度 1 按钮动画标志
变量_10	<内部变量>	Bool	<没有地址>	速度 2 按钮动画标志
变量_11	<内部变量>	Bool	<没有地址>	速度 3 按钮动画标志
变量_12	<内部变量>	Bool	<没有地址>	速度 4 按钮动画标志
变量_13	<内部变量>	Bool	<没有地址>	正转按钮动画标志
变量_14	<内部变量>	Bool	<没有地址>	反转按钮动画标志
变量_15	<内部变量>	Bool	<没有地址>	启动按钮动画标志

（1）"速度"按钮的设置

以"速度 1"按钮（其他参照设置）为例说明设置的方法和步骤，如图 1-4-26 所示。

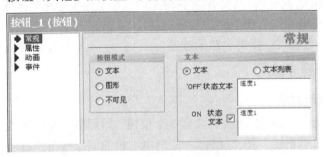

（a）常规设置—文本内容

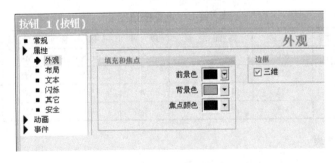

（b）属性设置—外观

图 1-4-26　"速度 1"按钮设置

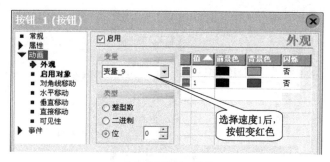

（c）动画设置—外观

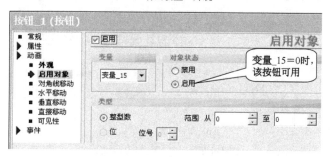

（d）动画设置—启用对象

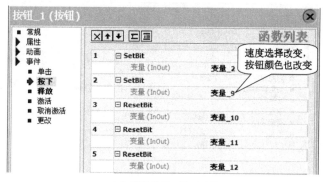

（e）事件设置—按下功能

（f）事件设置—释放功能

图 1-4-26　"速度 1"按钮设置（续）

（2）"正转"按钮的设置

"正转"按钮的事件设置方法与步骤如图 1-4-27 所示，其他设置与"速度"按钮相同。
"反转"按钮的设置方法与"正转"按钮的设置方法相同。

（3）"启动"按钮的设置

"启动"按钮的动画和事件设置方法与步骤如图 1-4-28 所示，其他设置与"速度"
按钮相同。

（a）事件设置—按下功能

（b）事件设置—释放功能

图 1-4-27　"正转"按钮设置

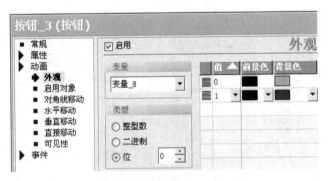

（a）动画设置—外观

（b）事件设置—按下功能

（c）事件设置—释放功能

图 1-4-28　"启动"按钮设置

（4）"停止"按钮的设置

"停止"按钮的事件设置方法与步骤如图 1-4-29 所示，其他设置与启动按钮相同。

（a）事件设置—按下功能

（b）事件设置—释放功能

图 1-4-29 "停止"按钮设置

四、PLC 控制程序编写

1．画工作流程图

分析控制要求不难发现：工作过程可分为速度和方向选择、多段速运行及停止状态，停止状态也就是初始状态。电动机运行后速度和方向不能切换的要求由触摸屏来设定，与 PLC 无关。其工作流程图如图 1-4-30 所示。

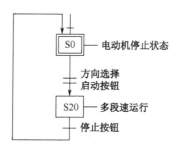

图 1-4-30 工作流程图

2．编写 PLC 控制程序

步进指令的梯形图程序如图 1-4-31 所示，仅供参考。

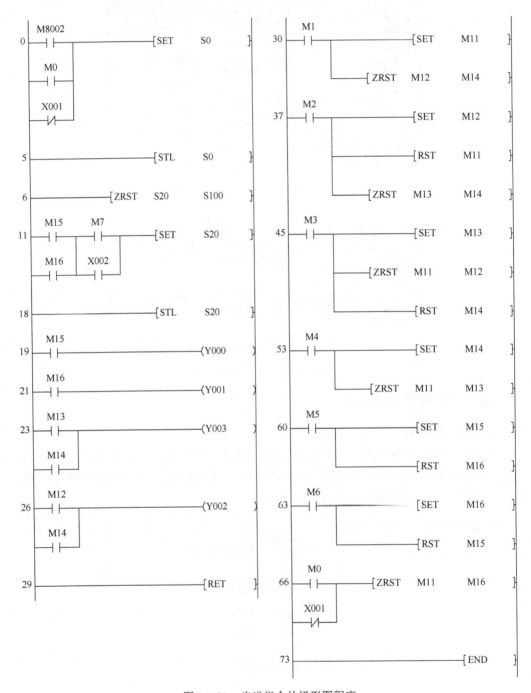

图 1-4-31　步进指令的梯形图程序

五、变频器参数设置

根据控制要求，设置变频器相关参数。需要设置的变频器参数见表 1-4-5。

表 1-4-5　需要设置的变频器参数

序　号	参 数 代 号	参 数 值	说　　明
1	A1-03	2220	初始化
2	b1-01	1	频率指令（出厂设置）
3	b1-02	1	运行指令（出厂设置）
4	c1-01	4.0	加速时间
5	c1-02	1.5	减速时间
6	H1-01	40	S1 端子选择：正转指令（出厂设置）
7	H1-02	41	S2 端子选择：反转指令（出厂设置）
8	H1-03	3	S3 端子选择：多段速指令 1
9	H1-04	4	S4 端子选择：多段速指令 2
10	d1-01	10	频率指令 1
11	d1-02	20	频率指令 2
12	d1-03	30	频率指令 3
13	d1-04	40	频率指令 4
14	H1-05	F	端子未被使用（避免与 S3 端子冲突）
15	H1-06	F	端子未被使用（避免与 S4 端子冲突）

六、控制电路调试

1．电路检查

（1）检查电路接线是否正确，有无漏接、错接之处；检查导线接点是否符合要求，号码管编号与原理图是否一致。

（2）用万用表 R×1 或 R×10 挡检查电路的通/断情况，以防止短路故障发生。

（3）用兆欧表检查电路的绝缘电阻值，应小于 2MΩ。

2．设置变频器参数

接通变频器电源，根据表 1-4-5 所列的相关参数进行设置，最后将其恢复至频率监视模式。

3．下载 PLC 程序及触摸屏程序（略）

4．调试控制电路

控制电路安装与调试如图 1-4-32 所示。

在调试控制电路时，必须有指导老师在现场监护。

在电路调试结束后，先断开电源总开关，然后拆卸电路，最后整理实训台。

（a）控制电路安装　　　　　　　　　　（b）控制电路调试

图 1-4-32　控制电路安装与调试

七、工作任务评价表

请填写三相异步电动机多段速运行控制电路安装与调试工作任务评价表，见表 1-4-6。

表 1-4-6　三相异步电动机多段速运行控制电路安装与调试工作任务评价表

序号	评价内容	配分	评价细则	学生评价	老师评价
1	工具与器材准备	10	（1）工具少选或错选，扣 2 分/个； （2）元器件少选或错选，扣 2 分/个		
2	电路安装	40	（1）元器件检测不正确或漏检，扣 2 分/个； （2）工业线槽不按尺寸安装或安装不规范、不牢固，扣 5 分/处； （3）元器件不按图纸位置安装或安装不牢固，扣 2 分/只； （4）电动机安装不到位或不牢固，扣 10 分/台； （5）不按电气控制电路原理图接线，扣 20 分； （6）接线不符合工艺规范要求，扣 2 分/条； （7）损坏导线绝缘层或线芯，扣 3 分/条； （8）导线不套号码管或不按图纸编号，扣 1 分/处		
3	电路调试	40	（1）通电试车前未做电路检查工作，扣 15 分； （2）电路未做绝缘电阻检测，扣 20 分； （3）万用表使用方法不当，扣 5 分/次； （4）变频器参数设置不正确，扣 3 分/个； （5）通电试车不符合控制要求（含触摸屏），扣 10 分/项； （6）通电试车时，发生短路跳闸现象，扣 10 分/次		
4	职业与安全意识	10	（1）未经允许擅自操作或违反操作规程，扣 5 分/次； （2）工具与器材等摆放不整齐，扣 3 分； （3）损坏器件、工具或浪费材料，扣 5 分； （4）完成工作任务后，未及时清理工位，扣 5 分； （5）严重违反安全操作规程，取消考核资格		
	合计	100			

思考与练习

一、填空题

1. 触摸屏具有_____、_____、_____、_____等优点，因此，它作为一种新型的人机界面已广泛应用于工业生产和日常生活中。

2. 西门子触摸屏使用_____电源，用_____与计算机连接，用_____来读出或写入触摸屏设置的参数。当触摸屏参数设置好后，使用触摸屏就像操作_____一样操作 PLC，而 PLC 的很多信息又可以在触摸屏上实时形象地显示出来。

3. 与 PLC 程序相关连的变量分为开关型或数字型，分别用_____、_____表示；与 PLC 程序不相关连的变量也可分为开关型或数字型，则用_____、_____。

4. 在 Control Panel 中对 HMI 设备进行组态，可进行_____设置、_____设置、_____设置、_____设置、_____设置和_____设置等。

5. 机械图样一般包括_____图和_____图，前者表示出零件的_____、_____和主要技术要求；后者表示出装配体及其组合部件的_____。

6. 把_____相同的、相互结合的孔和轴公差带之间的关系称为配合。三种不同的配合形式分别是_____配合、_____配合和_____配合。

二、简答题

1. 三相绕组首尾端的判别方法有几种？请举例说明。

2. 触摸屏组态时，变量符号 Bit、Word、Bool、Byte 各表示什么含义？

3. 在完成本次工作任务中，触摸屏上的"启动"按钮为什么要设置一个"变量_15"的变量？

三、实操题

电动机运行电气控制电路原理图如图 1-4-1 所示，触摸屏控制画面如图 1-4-3 所示。

电动机启动前必须先按触摸屏上"正转"或"反转"按钮，接着按下触摸屏上"启动"按钮或 SB2 按钮。然后，按下触摸屏上"速度 1"～"速度 4"中任意一个按钮，电动机将以正转（或反转）方向和相应速度（对应频率）开始运行。电动机运行中，按下触摸屏上的"停止"按钮或 SB1 按钮，电动机立即停止运行。

在电动机运行中，运转方向不能切换，而速度可以切换，但只能是由低速向高速顺序进行，高速退回低速则无效。

根据以上控制要求，请完成电气控制电路安装与调试工作任务。

项目二　直流电动机控制电路安装与调试

　　使用直流电源的电动机，就称做直流电动机。它具有较好的调速和启动性能，其调速范围广，速度变化平滑性好，启动转矩大，许多生产设备采用直流电动机拖动，在计算机控制系统中也广泛地应用直流电动机。

　　无刷直流电动机是随着先进的电子技术发展起来的一种新型直流电动机，它是现代工业设备中重要的拖动部件。无刷直流电动机以电磁感应定律为基础，结合先进的电力电子技术、数字电子技术，具有很强的生命力。无刷直流电动机没有换向火花，而且寿命长、运行可靠、维护也很方便。

　　本项目通过完成他励直流电动机控制电路安装与调试、无刷直流电动机控制电路安装与调试工作任务，了解直流电动机的分类、结构与工作原理，以及掌握直流电动机的机械特性与调速特性。

任务 2-1　他励直流电动机控制电路安装与调试

 **工作任务**

　　他励直流电动机采用继电-接触器控制方式，按下正转（或反转）启动按钮 SB2（或 SB3），电动机正转（或反转）启动。启动后，按下停止按钮 SB1，电动机停止转动；只有电动机停止转动后才能进行正/反转的切换。电气控制电路原理图如图 2-1-1 所示，电气元件布置图如图 2-1-2 所示。

　　根据控制要求，请完成下列工作任务：

　　（1）根据电气控制电路原理图正确选择电气元件。

　　（2）根据电气元件布置图安装工业线槽、电气元件。要求器件排列整齐，安装牢固不松动。

　　（3）根据电气控制电路原理图安装控制电路，安装的电路应符合工艺规范要求。

　　（4）调试控制电路，实现控制要求的所有功能。

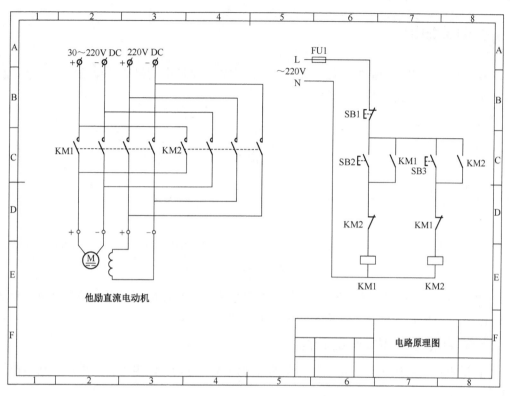

图 2-1-1　电气控制电路原理图

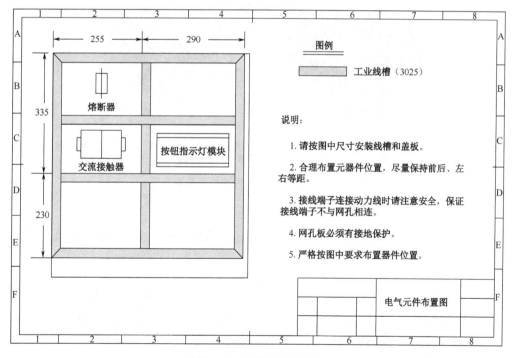

图 2-1-2　电气元件布置图

 **相关知识**

　　励磁绕组与电枢绕组的连接方式称为励磁方式。直流电动机通常按励磁方式分为他励、并励、串励和复励四种，如图 2-1-3 所示。

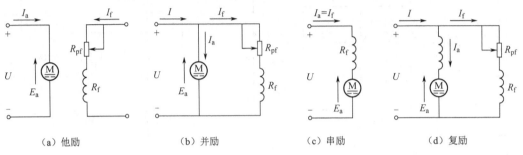

（a）他励　　　　　　（b）并励　　　　　（c）串励　　　　　（d）复励

图 2-1-3　直流电动机的四种励磁方式

　　他励直流电动机的励磁绕组与电枢绕组分别由两个直流电源供电，励磁电流不受电枢端电压的影响，仅取决于本支路的电源电压和总电阻。

一、他励直流电动机的结构

　　他励直流电动机主要由定子和转子两部分组成。他励直流电动机的外形及其结构如图 2-1-4 所示。

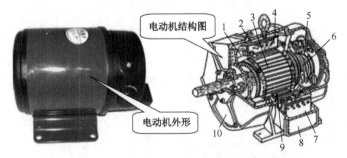

1—风扇；2—机座；3—电枢；4—主磁极；5—电刷装置；
6—换向器；7—接线板；8—接线盒；9—换向磁极；10—端盖

图 2-1-4　他励直流电动机的外形及其结构

1. 定子部分

　　定子是指电动机固定的部分，主要由主磁极、换向磁极、电刷装置、轴承、机座、端盖等组成。

　　① 主磁极　主磁极由主磁极铁芯和励磁绕组构成，其作用是产生主磁通。

　　② 换向磁极　换向磁极的作用是改善换向，减小电刷与换向器之间的火花。

　　③ 电刷装置　电刷装置是把直流电流引入转子的装置，它由电刷和电刷架构成。电刷装置一般装在端盖或轴承内盖上。

2. 转子部分

　　转子是指电动机可转动的部分，主要由电枢铁芯、电枢绕组和换向器等组成。其中，电枢绕组与换向片相连，其作用是产生感应电动势和电磁转矩。换向器与电刷保持滑动接触，使旋转的电枢绕组与静止的外电路相通，以引入直流电。

他励直流电动机铭牌如图 2-1-5 所示。

他励直流电动机			
型号　Z_2-12		励磁方式	他励
功率　4kW		励磁电压	220V
电压　220V		励磁电流	0.63A
电流　22.7A		工作方式	连续
转速　1500 r/min		温　升	80℃
标准编号		出厂日期	年　月

图 2-1-5　他励直流电动机铭牌

二、他励直流电动机的工作原理

他励直流电动机的工作原理如图 2-1-6 所示。

当电刷 A、B 间加上直流电压后，直流电流从电刷 A 流入电枢绕组，从电刷 B 流出。电枢电流 I_a 与磁场相互作用产生电磁力 F，其方向可用左手定则确定，由电磁力形成的电磁转矩 T，使电动机的电枢沿逆时针方向旋转，如图 2-1-6（a）所示。

当电枢转到图 2-1-6（b）所示位置时，电流仍由电刷 A 流入电枢绕组，从电刷 B 流出。此时，导线 ab、cd 上的电流方向与图 2-1-6（a）中的方向相反，而电磁力和电磁转矩的方向仍然使电动机电枢沿逆时针方向旋转，因而维持电磁转矩的方向不变。

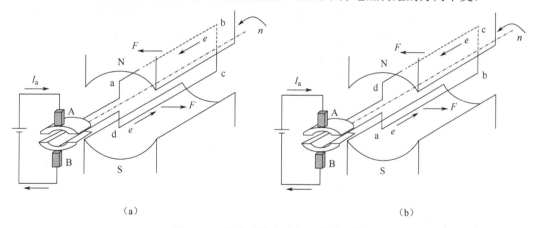

（a）　　　　　　　　　　　　　　　　　（b）

图 2-1-6　他励直流电动机工作原理图

根据电磁作用的原理和电磁感应定律可知，电磁转矩 T 与电枢电流 I_a 及每极磁通 Φ 成正比；电枢感应电动势与电枢转速 n 及每极磁通 Φ 成正比，即

$$T = C_T \Phi I_a$$
$$E_a = C_E \Phi n$$

直流电动机输出的机械功率 P 与转速 n 和转矩 T 之间的关系为

$$T = 9.55 \frac{P}{n}$$

三、他励直流电动机的启动与正/反转

1. 启动

在电动机接通电源时，即启动的初始瞬间为

$$n=0, \quad E_a = C_E \Phi n = 0$$

这时，电枢启动电流为

$$I_{ast} = \frac{U_a - E_a}{R_a} = \frac{U_a}{R_a}$$

由于电枢绕组电阻 R_a 很小，所以，启动电流将达到额定电流的 10～20 倍，这是不允许的。同时，他励直流电动机的转矩正比于电枢电流 $T = C_T \Phi I_a$，电动机直接启动时的转矩也会很大，会产生机械冲击，使传动机构遭受损坏。为此，要限制启动电流，降低启动电流，可采用直接降低电枢电压或在电枢电路中串接启动电阻 R_{Pst} 的办法，这时电枢中的启动电流初始值为

$$I_{st} = \frac{U_a}{R_a + R_{Pst}} = （1.5～2.5）I_{aN}$$

一般限制启动电流不超过额定电流的 1.5～2.5 倍。

直流电动机在启动或运行时，励磁电路一定要保持接通，不能让它断开。否则，当 $I_f=0$ 时磁路中只有很小的剩磁，就可能发生以下事故：

① 如果电动机是静止的，由于转矩很小，它将不能启动，$E_a = C_E \Phi n = 0$。电枢电流很大，电枢绕组会有被烧坏的可能。

② 如果电动机在有载运行时断开励磁电路，$E_a = C_E \Phi n$ 立即为零而使电枢电流增大，同时由于所产生的转矩不能满足负载的需要，电动机必将减速而停转，这样更加促使电枢电流的增大，以致烧毁电枢绕组和换向器；

③ 如果电动机在空载运行时断开励磁电路，它的转速上升到很高的值（俗称"飞车"），致使电动机遭受严重的机械损伤，同样因电枢电流过大而将绕组烧坏。

2. 正转与反转

如果要改变直流电动机的转动方向，必须改变电磁转矩的方向。要么在磁场方向固定的情况下，改变电枢电流的方向；要么在电枢电流方向不变的情况下，改变励磁电流的方向，同样可以达到反转的目的。

 【阅读材料】

机械特性与调速特性

一、机械特性

图 2-1-7 为他励直流电动机的等效电路。电枢绕组（左）与励磁绕组（右）分别由两个可调直流电源供电，励磁电流 I_f 不受电枢端电压的影响，仅取决于励磁电路的电源电压 U_f 和励磁绕组本身的电阻 R_f。

电动机的机械特性是指电动机在一定的工作条件下，转速与转矩之间的关系，即

$$n = f(T)$$

由图 2-1-7 可知，加在电枢两端的电压 U_a 等于电枢电阻 R_a 的电压降 I_aR_a 与反电动势 E_a 之和

$$U = E_a + I_aR_a$$

因为 $E_a = C_E\Phi n$，可推得

$$n = \frac{U_a - I_aR_a}{C_E\Phi}$$

因为 $T = C_T\Phi I_a$，移项后将 I_a 代入，得

$$n = \frac{U_a}{C_E\Phi} - \frac{R_a}{C_EC_T\Phi^2}T$$

上式表明，在电源电压 U_a 及磁通 Φ 保持不变的情况下，电动机的转速 n 会随负载转矩 T_L 的增加而略有下降，这说明他励直流电动机具有较硬的机械特性。他励直流电动机机械特性曲线如图 2-1-8 所示。

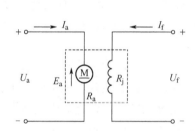

图 2-1-7　他励直流电动机等效电路

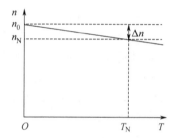

图 2-1-8　他励直流电动机机械特性曲线

二、调速特性

由推得的公式

$$n = \frac{U_a - I_aR_a}{C_E\Phi}$$

可以知道，直流电动机的转速 n 与 U_a、I_a、Φ 有关。因此，改变电源电压、电枢电流或励磁电流，都可在同一负载转矩下获得不同的转速。通常用改变电源电压或改变磁通这两种方法，以达到改变他励直流电动机转速的目的。

1. 调压调速特性

当励磁电流保持恒定并等于额定值时，根据公式

$$n = \frac{U}{C_E\Phi} - \frac{R_a}{C_EC_T\Phi^2}T = n_0 - \Delta n$$

不难看出，当降低电枢电压时，理想空载转速 n_0 变小，速度降 Δn 不变，速度差变小。因此，改变电源电压可得出一组平行的机械特性曲线，如图 2-1-9（a）所示。

通常只能在额定电压下进行调节，电源电压降低，电动机转速也随之降低。所以，这种调速方法常用于恒转矩负载，如起重设备。

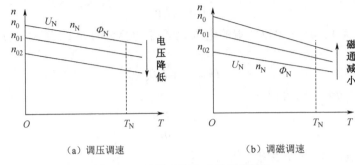

（a）调压调速　　　　　　　　（b）调磁调速

图 2-1-9　他励直流电动机调速特性

2. 调磁调速特性

当电源电压 U_a 保持恒定并等于额定值时，根据公式

$$n = \frac{U}{C_E \Phi} - \frac{R_a}{C_E C_T \Phi^2} T = n_0 - \Delta n$$

不难看出，当磁通 Φ 减小时，理想空载转速 n_0 升高，转速降 Δn 也增大；但后者与 Φ^2 成反比，所以磁通越小，机械特性曲线也就越陡，但仍然具有一定的硬度。在一定负载下，Φ 越小，n 则越高。调磁调速特性如图 2-1-9（b）所示。

由于电动机在额定状态运行时，其磁路已接近饱和，所以通常只是减小磁通，将转速往上调，但最高转速不得超过额定转速的 1.2 倍。在此时，若负载转矩不变，则输出的机械功率将超过额定值，导致电动机的电枢电流也超过额定值，使电动机发热严重，这是不允许的。为此，在弱磁升速时，为使电动机的功率不超过额定值，必须人为地降低负载转矩，使调速在恒功率条件下进行。所以，这种调磁调速方法常应用于恒功率负载，如切削机床。

完成工作任务指导

一、工具与器材准备

1. 工具

活动扳手、内六角扳手、直角尺、游标卡尺、橡胶锤、钢锯、剪刀、螺钉旋具、剥线钳、压线钳等。

2. 器材

实训台（含单相电源、两组可调直流电源）、万用表、兆欧表、钳形表、工业线槽、1.0mm^2 红色和蓝色多股软导线、1.0mm^2 黄绿双色 BVR 导线、0.75mm^2 黑色和蓝色多股导线、冷压接头 SVϕ1.5-4、号码管、缠绕带、捆扎带，其他器材清单见表 2-1-1。

表 2-1-1　器材清单表

序　号	名　　称	型号/规格	数　量
1	他励直流电动机	Z₂-12	1 台
2	单极熔断器	RT18-32 3P/熔体 6A	1 只

序 号	名 称	型号/规格	数 量
3	交流接触器	CJX2-0910/220V	2 只
4	辅助触头	F4-22	2 只
5	按钮指示灯模块	—	1 只
6	接线端子排	TB-1512	3 条
7	安装导轨	C45	若干

二、控制电路安装

1．元器件选择与检测

根据图 2-1-1 所示电气控制电路原理图和表 2-1-1 所列的器材清单表，正确选择本次工作任务所需的元器件，并对所有元器件的型号、外观及质量进行检测。

2．线槽和元器件安装

（1）线槽安装

根据图 2-1-2 所示电气元件布置图，用钢尺量好线槽的尺寸后，将其夹在台虎钳上用钢锯切割，并牢固安装于实训台右侧钢质多网孔板上。

（2）元器件安装

将已检测好的元器件按图 2-1-2 所示的位置进行排列放置，并安装固定。

（3）电动机安装

他励直流电动机的安装方法与步骤可参照任务 1-1。

3．控制电路接线

根据电气控制电路原理图和电气元件布置图，按以下接线工艺规范要求完成：

（1）控制电路板上主电路的接线；

（2）控制电路板上辅助电路的接线；

（3）他励直流电动机的接线。

他励直流电动机控制电路的安装如图 2-1-10 所示。

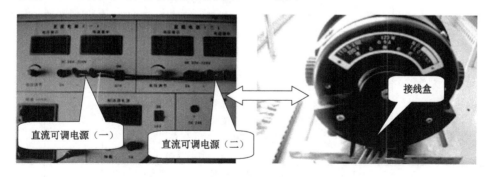

（a）从直流可调电源端引出电源　　　　（b）将两组直流电源接入电动机

图 2-1-10　他励直流电动机控制电路的安装

三、控制电路调试

1．电路检查

（1）检查电路接线是否正确，有无漏接、错接之处；检查导线接点是否符合要求，号码管编号与原理图是否一致。

（2）用万用表 R×1 或 R×10 挡检查电路的通断情况，防止短路故障的发生。

（3）用兆欧表检查电路的绝缘电阻值，应小于 2MΩ。

2．通电试车

通电试车时，必须有指导老师在现场监护！

（1）电动机启动前，打开设备总开关。先将接励磁绕组的可调直流电源电压调至 220V；再将接电枢绕组的可调直流电源电压调至最小值。

（2）按下正转启动按钮 SB2，交流接触器 KM1 吸合。然后，逐渐将电枢绕组电压调至 220V，他励直流电动机正转启动。

（3）按下停止按钮 SB1，使电动机停止转动。

（4）待电动机停稳后，再将电枢绕组电压调整至最小值。

（5）按下反转启动按钮 SB3，交流接触器 KM2 吸合。然后，逐渐将电枢绕组电压恢复至 220V，他励直流电动机反转启动。

（6）按下停止按钮 SB1，使电动机停止转动。

（7）在通电试车结束后，断开电源总开关，拆卸电路，整理实训台。

四、工作任务评价表

请填写他励直流电动机控制电路安装与调试工作任务评价表，见表 2-1-2。

表 2-1-2　他励直流电动机控制电路安装与调试工作任务评价表

序号	评价内容	配分	评　价　细　则	学生评价	老师评价
1	工具与器材准备	10	（1）工具少选或错选，扣 2 分/个； （2）元器件少选或错选，扣 2 分/个		
2	电路安装	40	（1）元器件检测不正确或漏检，扣 2 分/个； （2）工业线槽不按尺寸安装或安装不规范、不牢固，扣 5 分/处； （3）元器件不按图纸位置安装或安装不牢固，扣 2 分/只； （4）电动机安装不到位或不牢固，扣 10 分； （5）不按电气控制电路原理图接线，扣 20 分； （6）接线不符合工艺规范要求，扣 2 分/条； （7）损坏导线绝缘层或线芯，扣 3 分/条； （8）导线不套号码管或不按图纸编号，扣 1 分/处		
3	电路调试	40	（1）通电试车前未做电路检查工作，扣 15 分； （2）电路未做绝缘电阻检测，扣 20 分； （3）万用表使用方法不当，扣 5 分/次； （4）通电试车不符合控制要求，扣 10 分/项； （5）通电试车时，发生短路跳闸现象，扣 10 分/次		

序号	评价内容	配分	评价细则	学生评价	老师评价
4	职业与安全意识	10	（1）未经允许擅自操作或违反操作规程，扣5分/次； （2）工具与器材等摆放不整齐，扣3分； （3）损坏器件、工具或浪费材料，扣5分； （4）完成工作任务后，未及时清理工位，扣5分； （5）严重违反安全操作规程，取消考核资格		
	合计	100			

思考与练习

一、填空题

1. 使用_____电源的电动机，称为直流电动机。它具有较好的_____和_____性能，其_____范围广，速度变化平滑性好，_____大。

2. 按励磁绕组与电枢绕组的连接方式的不同，直流电动机可分为_____、_____、_____和复励直流电动机四种。

3. 他励直流电动机的定子部分主要由_____、_____、_____、轴承、机座、端盖等组成；转子部分主要由电枢铁芯、电枢_____组和_____等组成。

4. 他励直流电动机直接启动时的电流大约为额定电流的_____倍，而且启动转矩也会很大。可采用直接降低_____或在电枢电路中串接启动电阻等办法来限制启动电流。

5. 仅改变_____电流的方向或_____电流的方向，就可以改变_____的方向，即可以改变电动机_____的方向，实现直流电动机的正/反转。

二、简答题

1. 他励直流电动机的定子部分由几个部分组成？主磁极的作用是什么？

2. 简述他励直流电动机的工作原理。

3. 他励直流电动机在启动或运行时，励磁电路一定要保持接通，为什么？

4. 简述他励直流电动机调压调速和调磁调速的工作原理。

三、实操题

他励直流电动机控制电路原理图如图 2-1-1 所示。在电动机启动前将励磁绕组电压调至额定电压 220V，按下正转按钮 SB2，交流接触器 KM1 通电吸合，将电枢绕组电源调至额定电压 220V，使电动机正转启动。然后，逐渐改变电枢绕组电压，分别调节为 200V、180V、160V、140V、120V、100V、80V 等并保持恒定，在每一组电压下测试电动机的转速、电枢电流。请完成以下工作任务：

（1）安装与调试控制电路。

（2）将测试的数据填入表 2-1-3 中。

（3）电动机转速与电枢电流、电枢电压之间有什么关系？

表 2-1-3 他励直流电动机的调压特性数据记录表

测试条件：空载、U_f=220V

电枢电压 U_a(V)	220	200	180	160	140	120	100	80
电枢电流 I_a(A)								
转速 n (r/min)								

任务 2-2　无刷直流电动机控制电路安装与调试

工作任务

　　通过触摸屏上的点动按钮来改变无刷直流电动机的运行方向和选择多段速度运行，其电气控制电路原理图如图 2-2-1 所示。

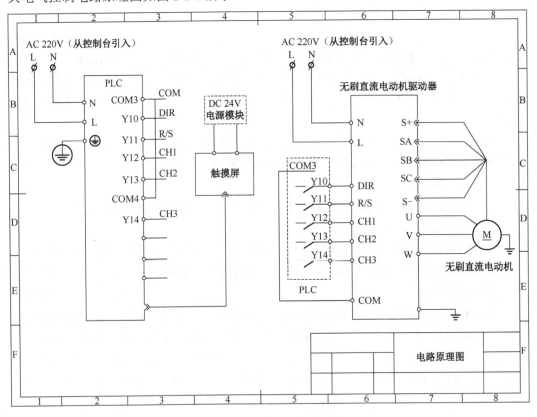

图 2-2-1　电气控制电路原理图

　　无刷直流电动机的触摸屏画面如图 2-2-2 所示。触摸屏上的"速度 1"到"速度 4"按钮分别对应预先设置好（CH1～CH3 的组合）的一个速度。

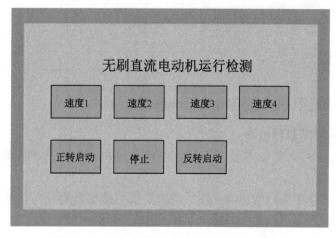

图 2-2-2 无刷直流电动机的触摸屏控制画面

启动无刷直流电动机之前，应先按下"速度"按钮，再按下"正转启动"按钮，电动机将按选定的速度正转运行。此时，按下其他速度按钮或反转启动按钮均无效。只有先按下"停止"按钮，待无刷电动机停止转动后，才能再次选择其他速度和运行方向。

根据控制要求，请完成下列工作任务：

（1）根据电气控制电路原理图正确选择电气元件。

（2）根据如图 2-2-3 所示的电气元件布置图安装工业线槽、电气元件。要求器件排列整齐，安装牢固不松动。

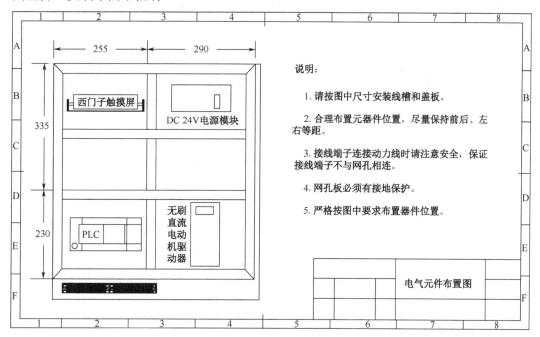

图 2-2-3 电气元件布置图

（3）根据电气控制电路原理图安装控制电路，安装的电路应符合电路工艺规范要求。

（4）根据控制要求，编写 PLC 程序、触摸屏程序。

（5）调试控制电路，实现控制要求的所有功能。

 相关知识

一、无刷直流电动机的结构与工作原理

1．无刷直流电动机的结构

无刷直流电动机主要由定子、转子、位置传感器和电子换相电路等部分组成。

（1）定子

定子由铁芯、电枢绕组等组成。定子绕组是电动机最重要的一个部件，当电动机接通电源后，电流流入绕组，产生磁场，与转子相互作用而产生电磁转矩。

（2）转子

转子由永磁体、导磁体和支撑部件等组成。永磁体和导磁体是产生磁场的核心。

（3）位置传感器

位置传感器用来检测转子磁极的位置，是实现无接触换向的一个极其重要的部件。它为逻辑开关电路提供正确的换相信息，即将转子磁极的位置信号转换成电信号，然后去控制定子绕组换相。

位置传感器的种类很多，目前在无刷直流电动机中常用的位置传感器有电磁式位置传感器、光电式位置传感器、磁敏式位置传感器等。其中磁敏式位置传感器以霍尔效应为原理，通过霍尔元件在电动机的每一个电周期内产生所要求的开关状态，来完成电动机的换向过程。

（4）电子换相电路

无刷直流电动机的电子换相电路如图 2-2-4 所示。电子换相电路就是将位置传感器的输出信号进行解调、功率放大，然后去触发末级功率晶体管，使电枢绕组按一定的逻辑程序通电，以保证电动机的可靠运行。

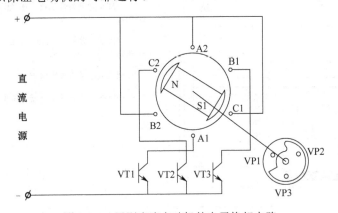

图 2-2-4　无刷直流电动机的电子换相电路

2．无刷直流电动机的工作原理

在无刷直流电动机中，借助位置传感器的输出信号，通过电子换相电路去驱动与电枢绕组连接的功率开关器件，使电枢绕组依次馈电，从而在定子上产生跳跃式的旋转磁

场，驱动永磁转子旋转。随着转子的转动，位置传感器会不断地送出信号，以改变电枢绕组的通电状态，使在某一磁极下导体中的电流方向始终保持不变。

通过改变逆变器开关管的逻辑关系，使电枢绕组各相导通顺序变化，来实现无刷直流电动机的正/反转。

二、森创 92BL 系列无刷直流电动机

1．无刷直流电动机的外形

森创 92BL 系列无刷直流电动机的外形如图 2-2-5 所示。

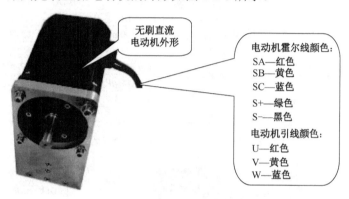

图 2-2-5　森创 92BL 系列无刷直流电动机的外形

2．主要技术数据

92BL 系列无刷直流电动机的主要技术参数见表 2-2-1。

表 2-2-1　92BL 系列无刷无刷直流电动机的主要技术参数

规格型号	额定功率	额定电压	额定转速	额定转矩	最大转矩	定位转矩	额定电流	最大电流	极对数	重量
	W	V	r/min	N·m	N·m	N·m	A	A	—	kg
92BL-5015H1-LK-B	500	220 AC	1500	3.2	6.4	0.09	2.04	4.08	5	5.0

3．无刷直流电动机型号

无刷直流电动机型号的含义如图 2-2-6 所示。

三、无刷直流电动机 BL-2203C 驱动器

1．驱动器面板

无刷直流电动机驱动器的面板如图 2-2-7 所示，面板各端子功能详细说明见表 2-2-2。

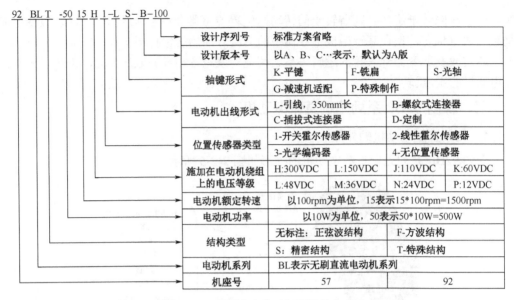

图 2-2-6　无刷直流电动机型号的含义

设计序列号	标准方案省略	
设计版本号	以A、B、C…表示，默认为A版	
轴键形式	K-平键　　F-铣扁	S-光轴
	G-减速机适配　　P-特殊制作	
电动机出线形式	L-引线，350mm长	B-螺纹式连接器
	C-插拔式连接器	D-定制
位置传感器类型	1-开关霍尔传感器	2-线性霍尔传感器
	3-光学编码器	4-无位置传感器
施加在电动机绕组	H:300VDC　L:150VDC　J:110VDC	K:60VDC
上的电压等级	L:48VDC　M:36VDC　N:24VDC	P:12VDC
电动机额定转速	以100rpm为单位，15表示15*100rpm=1500rpm	
电动机功率	以10W为单位，50表示50*10W=500W	
结构类型	无标注：正弦波结构	F-方波结构
	S：精密结构	T-特殊结构
电动机系列	BL表示无刷直流电动机系列	
机座号	57	92

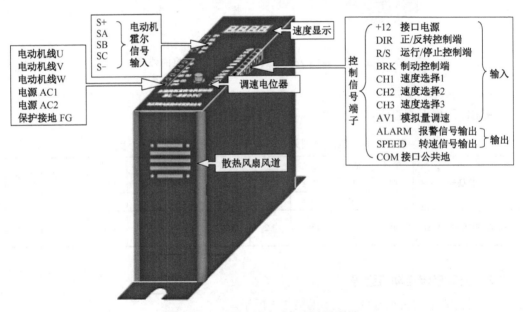

图 2-2-7　无刷直流电动机驱动器面板

表 2-2-2　无刷直流电动机驱动器面板各端子功能说明

端 子 标 记		端 子 定 义
功率端子	AC1、AC2	驱动器交流电源输入端子。注：接入端子的引线必须使用U形插头
	U、V、W	与电动机连接。务必将驱动器的U、V、W端子与电动机的U、V、W对应连接。错误的接线将导致电动机工作异常。电动机线原则上不超过6m，电动机线要与霍尔线分开布线。注：接入端子的引线必须使用U形插头
	FG	驱动器保护地端子。驱动器保护地端子与电动机机壳不必连接，为安全起见，请务必将驱动器保护地端子与电动机机壳分别可靠接地。注：接入端子的引线必须使用U形插头

续表

端子标记		端子定义
霍尔端子	S+、S-、SA、SB、SC	电动机霍尔位置传感器信号端子。务必将驱动器的 S+、S-、SA、SB、SC 端子与电动机的 S+、S-、SA、SB、SC 对应连接。错误的接线将导致电动机工作异常，甚至损坏驱动器和电动机。电动机霍尔线原则上不超过 6m，且应使用屏蔽线，要尽量注意与电动机线分开布线，且远离干扰源。若霍尔线未接，电动机不运行。注：S+、S-只作为霍尔元件电源，用户不得作为他用
信号输入	+12-COM	外接口电源，外部调速电位器电源端子。负载小于 50mA
	AV1	外部模拟量调速端子。标准产品中调节范围 0～10V 对应 0～3000r
	DIR	电动机正/反转控制端子
	R/S	电动机运行/停止控制端子（不接时默认为不转）
	CH1～CH3	多段速度选择端子：由 CH1～CH3 相对 COM 的状态选择不同的速度
	BRK	制动控制端
输出	ALARM	驱动器故障信号输出端子：出现故障停机时 ALARM 与 COM 由内部光耦接通
	SPEED	驱动器速度信号输出端子：光耦输出测速脉冲

2．驱动器的性能

永磁 BL-2203C 型无刷直流电动机驱动器的性能见表 2-2-3。

表 2-2-3　永磁 BL-2023C 型无刷直流电动机驱动器性能（环境温度 T_j=25℃时）

电 气 性 能	
供电电源	单相 AC 220V（±15%），50Hz，容量 0.8kV·A
额定功率	最大 600W（依所配电动机而定）
额定转速	依所选电动机确定（8000r/min）
额定转矩	依所选电动机确定
调速范围	150r/min～额定转速
速度变动率对负荷	±2%以下（额定转速）
速度变动率对电压	±1%（电源电压±10%，额定转速无负载）
速度变动率对温度	±2%（25°～40°，额定转速无负载）
绝缘电阻	在常温常压下>100MΩ
绝缘强度	在常温常压下 1kV，1min

3．驱动器特点

无刷直流电动机驱动器具有以下几个特点：

（1）内部电位器调速

逆时针旋转驱动器面板上的电位器，电动机转速减小，顺时针旋转则转速增大；由于测速需要响应时间，速度显示会滞后。<u>用户使用其他两种速度控制方式时必须将此电位器设于最小状态。</u>

（2）外部模拟量调速

将外接电位器的两个固定端分别接于驱动器的"+12"和"COM"端上，将调节端接于"AV1"上即可使用外接电位器调速；也可以通过其他的控制单元（如 PLC、单片机等）输入模拟电平信号到"AV1"端实现调速（相对于 COM），"AV1"的接受范围为

DC 0V~10V，对应电动机转速为 0~3000r/min，端子内接电阻 200kΩ 到 COM 端，因此悬空不接将被解释为 0 输入。端子内也含有简单的 RC 滤波电路，因此可以接受 PWM 信号进行调速控制。

（3）多挡速度选择

通过控制驱动器上的 CH1~CH3 三个端子的组合，可以选择内部预先设定的几种速度。端子信号组合情况见表 2-2-4。

表 2-2-4　端子信号组合状态表

CH1CH2CH3	转速（r/min）	CH1CH2CH3	转速（r/min）
0　0　0	3500	1　0　0	1500
0　0　1	3000	1　0　1	1000
0　1　0	2500	1　1　0	500
0　1　1	2000	1　1　1	0
说明：0 表示端子接通，低电平有效；1 表示端子断开，高电平无效			

表中的速度仅供参考，实际运行速度受用户系统影响可能会有偏差，但一般误差小于±10 转（由于负载变化导致的速度波动除外）。**在使用其他调速方式时请不要接线**。

（4）起/停及转向控制

① 启/停控制

通过控制端子"R/S"相对于"COM"的通、断可以控制电动机的运行和停止，端子"R/S"内部以电阻上拉到+12V，可以配合无源触点开关使用，也可以配合集电极开路的 PLC 等控制单元。当"R/S"与端子"COM"断开时电动机停止；反之电动机运行。使用运行/停止端控制电动机停止时，电动机为自然停车，其运行规律与负载惯性有关。

② 转向控制

通过控制端子"DIR"与端子"COM"的通、断可以控制电动机的运转方向。端子"DIR"内部以电阻上拉到+12V，可以配合无源触点开关使用，也可以配合集电极开路的 PLC 等控制单元。当"DIR"与端子"COM"不接通时电动机沿顺时针方向运行（面对电动机轴）；反之则沿逆时针方向运转。为避免驱动器的损坏，在改变电动机转向前应先使电动机停止运动，再操作改变转向，**避免在电动机运行时进行运转方向控制**。

除了以上特点外，驱动器还具有 220V 交流供电，有测速信号输出、过流过压过载及堵转保护、电动机转速显示、外部模拟量调节、故障报警输出、快速制动等特点。

4．驱动器的接线图

永磁 BL-2203C 型无刷直流电动机驱动器的接线如图 2-2-8 所示。因驱动器为 220V 交流电源输入，为确保安全，在通电前必须将接地端子（FG）可靠地与大地连接，任何情况下均不要打开机壳，避免意外的损伤。

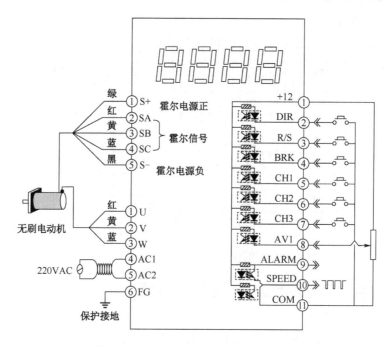

图 2-2-8　无刷直流电动机驱动器的接线图

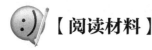【阅读材料】

无刷直流电动机的运行检测

一、无刷直流电动机转速与工作电压的关系

测试的方法与步骤如下：

① 闭合实训台的电源总开关，连接好 PLC 与触摸屏的通信线。

② 选择触摸屏上的"速度 1"按钮，按下"正转启动"按钮，无刷直流电动机启动，待电动机速度稳定后，测量电动机 U-V 间的电压值。测量后按下停止按钮，让电动机停止运行。

③ 继续选择"速度 2"至"速度 4"按钮，逐次测量电动机的工作电压值。

④ 记录测量的数据，并填写在表 2-2-5 中。

表 2-2-5　无刷直流电动机转速与工作电压关系测试数据表

测试条件：空载，PLC 控制

速度编号	1	2	3	4
控制电压 U(V)				
转速 n(r/min)				

⑤ 在测试任务完成后，关闭实训台的总电源开关，整理实训台。

⑥ 绘制无刷直流电动机的转速 n 随工作电压 U 变化的关系曲线 $n–f(U)$，如图 2-2-9 所示。

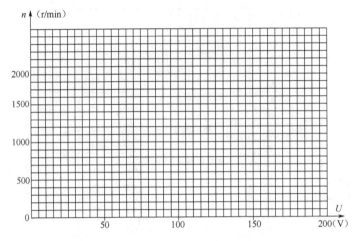

图 2-2-9　无刷直流电动机转速与电压关系曲线

二、无刷直流电动机转速与转矩之间的关系

测试的方法与步骤如下：

① 按下触摸屏上的"速度 1"按钮，再按下"正转启动"按钮，无刷直流电动机在空载情况下启动，记录此时电动机的转速。

② 接通制动器电源，逐渐加大制动电流以改变机械转矩，测出对应的转速，即可得到某一工作电压下的机械特性曲线 $n=f(T_L)$。

③ 记录测量数据，并填写在表 2-2-6 中。

表 2-2-6　无刷直流电动机转速与转距关系测试数据表

测试条件：初始转速 1000r/min

转矩 T_L(N·m)	空载	0.4	0.6	0.8	1.0	1.2
转速 n(r/min)	2000					

④ 在测试任务完成后，关闭实训台的总电源开关，整理实训台。

⑤ 绘制无刷直流电动机的转速 n 随转矩 T_L 变化的关系曲线 $n=f(T_L)$，如图 2-2-10 所示。

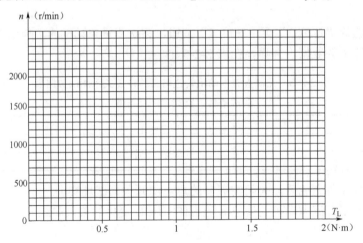

图 2-2-10　无刷直流电动机转速与转距关系曲线

完成工作任务指导

一、工具与器材准备

1．工具

活动扳手、内六角扳手、直角尺、游标卡尺、橡胶锤、钢锯、剪刀、螺钉旋具、剥线钳、压线钳等。

2．器材

实训台、计算机、万用表、兆欧表、钳形表、工业线槽、1.0mm² 红色和蓝色多股软导线、1.0mm² 黄绿双色 BVR 导线、0.75mm² 黑色和蓝色多股导线、冷压接头 SVϕ1.5-4、号码管、缠绕带、捆扎带，其他器材清单见表 2-2-7。

表 2-2-7　器材清单表

序　号	名　称	型号/规格	数　量
1	无刷直流电动机	92BL-5015H1-LK-B	1 台
2	无刷直流电动机驱动器	BL-2203C	1 台
3	DC 24V 电源模块	—	1 块
4	可编程控制器	FX3U-32MT/ES-A	1 只
5	西门子触摸屏	Smart700	1 只
6	接线端子排	TB-1512	3 条
7	安装导轨	C45	若干
8	通信线	—	1 条

二、控制电路安装

1．元器件选择与检测

根据图 2-2-1 所示电气控制电路原理图和表 2-2-7 所列的器材清单表，正确选择本次工作任务所需的元器件，并对所有元器件的型号、外观及质量进行检测。

2．线槽和元器件安装

（1）线槽安装

根据图 2-2-3，将线槽牢固安装于实训台右侧钢质多网孔板上。

（2）元器件安装

将已检测好的元器件按图 2-2-3 所示的位置进行排列放置，并安装固定。

（3）电动机安装

无刷直流电动机控制电路安装如图 2-2-11 所示。

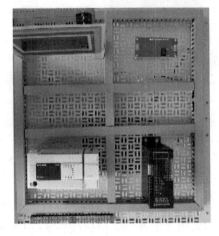 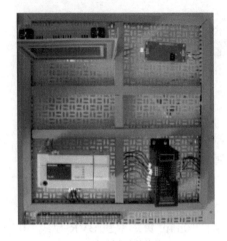

（a）元器件的安装　　　　　　　　　　（b）控制电路的接线

图 2-2-11　无刷直流电动机动控制电路安装

3．控制电路接线

根据电气控制电路原理图和电气元件布置图，按以下接线工艺规范要求完成：

（1）主电源与 DC 24V 电源模块、PLC、驱动器之间连接电路的接线；

（2）PLC 输出端与驱动器输入端子之间连接电路的接线；

（3）驱动器与无刷直流电动机连接电路的接线；

（4）连接驱动器霍尔信号线；

（5）DC 24V 开关电源与触摸屏电路的接线。

三、PLC 控制程序编写

1．画工作流程图

分析控制要求不难发现，工作过程可分为速度选择、启动及停止状态。停止状态也就是初始状态。电动机运行后速度和方向不能切换的要求由触摸屏来设定，与 PLC 无关。其工作流程图如图 2-2-12 所示。

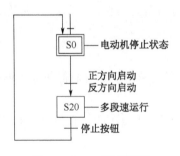

图 2-2-12　工作流程图

2．编写 PLC 控制程序

步进指令的梯形图程序如图 2-2-13 所示，仅供参考。

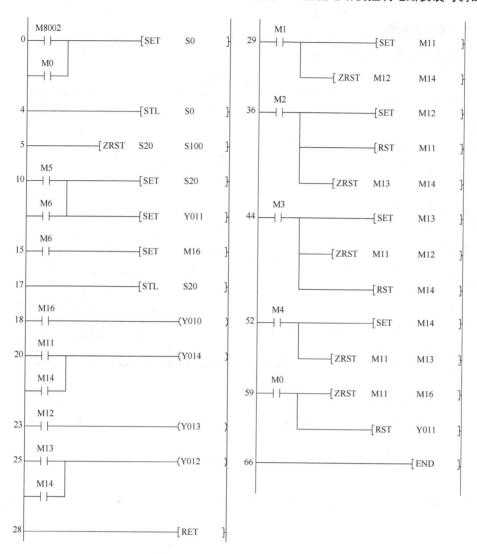

图 2-2-13　步进指令梯形图程序

四、触摸屏程序编写

1. 设置按钮变量

图 2-2-2 所示为触摸屏控制界面，共有 7 个按钮，包含速度选择按钮"速度 1"至"速度 4"，运行选择按钮"正转启动"和"反转启动"，控制电动机停止的"停止"按钮。根据控制要求，设置各个按钮的变量见表 2-2-8。

表 2-2-8　设置按钮变量

序号	按钮名称	变量	内部变量	序号	按钮名称	变量	内部变量
1	停止	M0	—	5	速度 4	M4	内部变量-11
2	速度 1	M1	内部变量-8	6	正转启动	M5	内部变量-12
3	速度 2	M2	内部变量-9	7	反转启动	M6	内部变量-13
4	速度 3	M3	内部变量-10				

2．建立变量表

在选择好通信驱动程序 Mitsubishi FX 后，建立变量表，见表 2-2-9。

表 2-2-9　变量表

名　　称	连　接	数据类型	地　址	注　释
变量_1	连接_1	Bit	M0	停止按钮
变量_2	连接_1	Bit	M1	速度 1
变量_3	连接_1	Bit	M2	速度 2
变量_4	连接_1	Bit	M3	速度 3
变量_5	连接_1	Bit	M4	速度 4
变量_6	连接_1	Bit	M5	正转
变量_7	连接_1	Bit	M6	反转
变量_8	<内部变量>	Bool	<没有地址>	速度 1 按钮动画标志
变量_9	<内部变量>	Bool	<没有地址>	速度 2 按钮动画标志
变量_10	<内部变量>	Bool	<没有地址>	速度 3 按钮动画标志
变量_11	<内部变量>	Bool	<没有地址>	速度 4 按钮动画标志
变量_12	<内部变量>	Bool	<没有地址>	正转按钮动画标志
变量_13	<内部变量>	Bool	<没有地址>	反转按钮动画标志
变量_14	<内部变量>	Bool	<没有地址>	启动按钮动画标志

3．设置按钮组态

设置按钮组态主要包括常规、属性、动画、事件等内容，这里不再复述。

五、控制电路调试

1．电路检查

（1）检查电路接线是否正确，有无漏接、错接之处；检查导线接点是否符合要求，号码管编号与原理图是否一致；

（2）用万用表 R×1 或 R×10 挡检查电路的通/断情况，防止短路故障的发生；

（3）用兆欧表检查电路的绝缘电阻值，应小于 2MΩ。

2．通电试车

通电试车时，必须有指导老师在现场监护！

检查电路正确无误后，将设备电源控制单元的单相 220V 电源连接到控制电路板端子排上。接通电源总开关，按下电源启动按钮，连接通信线，下载触摸屏、PLC 程序。

按照工作任务描述，按下触摸屏上的速度按钮、正转（或反转）启动按钮，检查电动机是否以相对应的速度运行；此时按下其他速度按钮和方向按钮，检查电动机的运行情况是否会变化。

六、工作任务评价表

请填写无刷直流电动机控制电路安装与调试工作任务评价表，见表 2-2-10。

表 2-2-10　无刷直流电动机控制电路安装与调试工作任务评价表

序号	评价内容	配分	评价细则	学生评价	老师评价
1	工具与器材准备	10	（1）工具少选或错选，扣 2 分/个； （2）元器件少选或错选，扣 2 分/个		
2	电路安装	40	（1）元器件检测不正确或漏检，扣 2 分/个； （2）工业线槽不按尺寸安装或安装不规范、不牢固，扣 5 分/处； （3）元器件不按图纸位置安装或安装不牢固，扣 2 分/只； （4）电动机安装不到位或不牢固，扣 10 分； （5）不按电气控制电路原理图接线，扣 20 分； （6）接线不符合工艺规范要求，扣 2 分/条； （7）损坏导线绝缘层或线芯，扣 3 分/条； （8）导线不套号码管或不按图纸编号，扣 1 分/处		
3	电路调试	40	（1）通电试车前未做电路检查工作，扣 15 分； （2）电路未做绝缘电阻检测，扣 20 分； （3）万用表使用方法不当，扣 5 分/次； （4）通电试车不符合控制要求，扣 10 分/项； （5）通电试车时，发生短路跳闸现象，扣 10 分/次		
4	职业与安全意识	10	（1）未经允许擅自操作或违反操作规程，扣 5 分/次； （2）工具与器材等摆放不整齐，扣 3 分； （3）损坏器件、工具或浪费材料，扣 5 分； （4）完成工作任务后，未及时清理工位，扣 5 分； （5）严重违反安全操作规程，取消考核资格		
	合计	100			

思考与练习

一、填空题

1. 无刷直流电动机是以＿＿＿＿＿＿为基础，结合先进的＿＿＿＿＿技术、数字电子技术而发展起来的一种新型直流电动机，其主要特点是没有＿＿＿＿＿，寿命长，运行可靠。

2. 位置传感器是用于检测转子磁极＿＿＿＿，实现无接触换向的部件，它为逻辑开关电路提供正确的＿＿＿＿信息，即将转子磁极的＿＿＿＿信号转换成＿＿信号，然后去控制定子绕组换相。

3. 目前在无刷直流电动机中常用的位置传感器有＿＿＿＿式、＿＿＿＿式、＿＿＿＿式等。

4. 电子换相电路就是将位置传感器的输出信号进行＿＿＿＿、＿＿＿＿＿＿，然后去触发末级功率晶体管，使电枢绕组按一定的＿＿＿＿＿通电，保证电动机的可靠运行。

5. 永磁 BL-2203C 型无刷直流电动机驱动器具有＿＿＿＿＿调速、＿＿＿＿＿调速和＿＿＿＿＿选择等特点。

二、简答题

1. 与他励直流电动机相比，无刷直流电动机有什么优点？
2. 无刷直流电动机的基本结构是什么？
3. 简述无刷直流电动机的工作原理。
4. 永磁 BL-2203C 型无刷直流电动机驱动器具有哪三个特点？

三、实操题

BL-2203C 型无刷直流电动机驱动器可采用模拟量调节方法，来改变无刷直流电动机的运行速度。由调压模块作为模拟量输入信号，通过 PLC 和触摸屏控制调压模块中各电阻的通/断状态来改变模拟量输入信号，从而达到改变电动机转速的目的。电气控制电路原理图如图 2-2-14 所示。请完成以下工作任务：

（1）安装控制电路。
（2）编写 PLC 和触摸屏程序。
（3）调试控制电路。

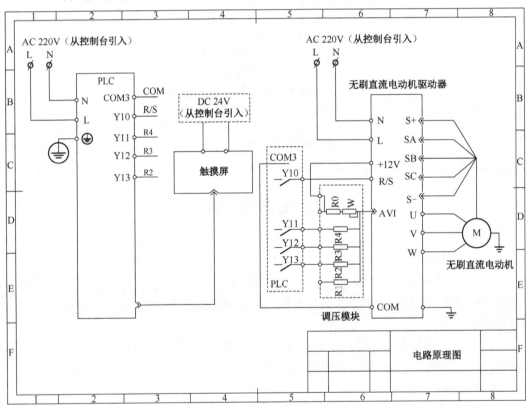

图 2-2-14　电气控制电路原理图

项目三 特殊电动机控制电路安装与调试

步进电动机是一种把电脉冲信号转换成角位移或线位移的开环控制元件，在数字控制系统中被广泛采用。步进电动机由步进驱动器提供输入电脉冲，每输入一个脉冲信号，步进电动机转子就转过一个固定的角度。

交流伺服电动机能将输入的电压信号转换成转矩和速度输出，以驱动控制对象，在自动控制系统中作为执行元件。

本项目通过完成步进电动机控制电路安装与调试、交流伺服电动机控制电路安装与调试工作任务，来了解特殊电动机的基本结构和工作原理；了解步进驱动器、伺服驱动器的工作原理和使用方法；掌握特殊电动机的控制与调速技术。

任务 3-1 步进电动机控制电路安装与调试

工作任务

通过触摸屏上的点动按钮改变步进电动机的运行方向和选择多段速度的运行，电气控制电路原理图如图 3-1-1 所示，电气元件布置图如图 3-1-2 所示。

步进电动机的触摸屏画面如图 3-1-3 所示。触摸屏上的"速度 1"到"速度 4"按钮对应预先设置好的一个速度（相对应于一个脉冲频率）。启动步进电动机前，应先选择速度按钮，再按下"正转启动"按钮，电动机将按选定的速度正转运行。此时，按下其他速度按钮或反转启动按钮均无效。只有先按下"停止"按钮，待步进电动机停止转动后，才能再次选择其他速度和方向。

根据控制要求，请完成下列工作任务：

（1）根据电气控制电路原理图正确选择电气元件。

（2）根据电气元件布置图安装工业线槽、电气元件。要求器件排列整齐、安装牢固不松动。

（3）根据电气控制电路原理图安装控制电路，安装电路应符合工艺规范要求。

（4）调试控制电路，实现控制要求的所有功能。

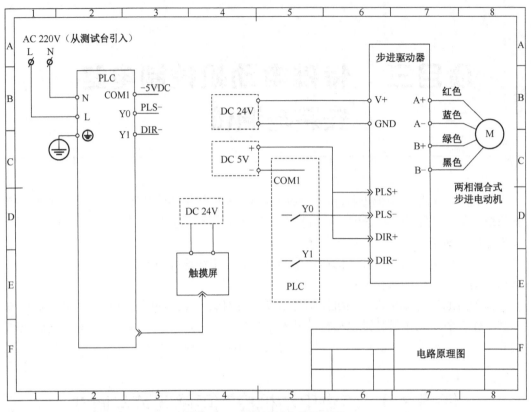

图 3-1-1　电气控制电路原理图

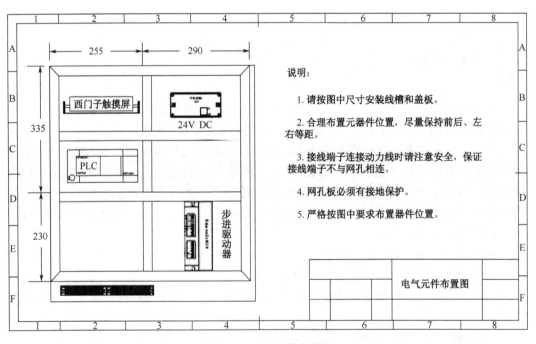

图 3-1-2　电气元件布置图

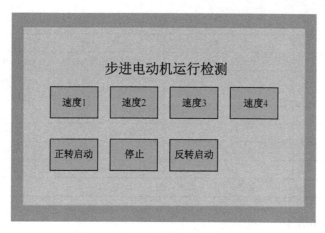

图 3-1-3 步进电动机的触摸屏画面

 **相关知识**

一、步进电动机

步进电动机是一种把电脉冲信号转换成角位移或线位移的开环控制元件，由步进驱动器提供输入电脉冲，每输入一个脉冲信号，步进电动机转子就转过一个固定的角度。

1．步进电动机的型号

步科两相混合式步进电动机型号的含义如图 3-1-4 所示。

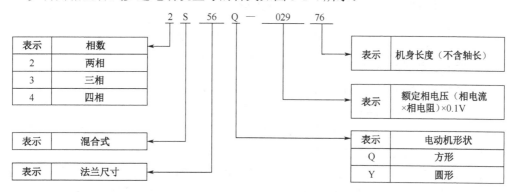

图 3-1-4 步科两相混合式步进电动机型号的含义

2．步进电动机的技术参数

步科 2S56Q—02976 型两相混合式步进电动机的技术参数见表 3-1-1。

表 3-1-1 步科 2S56Q—02976 型两相混合式步进电动机的技术参数

名　称	参　数	名　称	参　数
步距角	1.8°±5%	绝缘等级	B
相电流（A）	3.0	耐压等级	600VAC　1s　5mA
保持扭矩（N·m）	1.5	最大轴向负载（N）	15
阻尼扭矩（N·m）	0.07	最大径向负载（N）	75

续表

名　称	参　数	名　称	参　数
相电阻（Ω）	0.95%±15%	工作环境温度	−20～50℃
相电感（mH）	3.4%±20%	表面温升	最高80℃（两相接通额定相电流）
电动机惯量（kg·cm²）	0.46	绝缘阻抗	最小100MΩ，DC 500V
电动机长度（mm）	76	质量（kg）	1.0
电动机轴径（mm）	6.35	引出线长度（mm）	300±10
引线数量	4	空载启动频率（kHz）	8.8
电动机信号线颜色：红色—A+　　蓝色—A−　　绿色—B+　　黑色—B−			

二、步进驱动器

1．步进驱动器的型号

步科 2M530 型步进驱动器的外形及型号如图 3-1-5 所示。

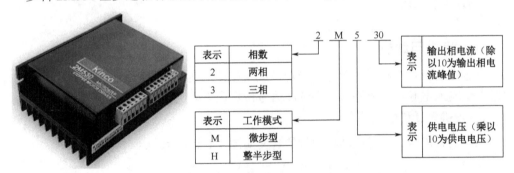

图 3-1-5　步科 2M530 型步进驱动器的外形及型号

2．步进驱动器的特点

步科 2M530 型驱动器具有以下特点：

（1）供电电压直流 24V，最大可达直流 48V。

（2）采用双极型恒流驱动方式，最大驱动电流可达每相 3.5A，可驱动小于 3.5A 的任何两相双极型混合式步进电动机。

（3）对于电动机的驱动输出相电流可通过 DIP 开关调整，以配合不同规格的电动机。

（4）具有电动机静态锁紧状态下的自动半流功能，可以大大降低电动机发热。

（5）采用专用电动机驱动控制芯片，具有最高可达 256/200 的细分功能，细分可以通过 DIP 开关设定，以保证提供最好的运行平稳性能。

（6）具有脱机功能，可以在必要时关闭给电动机的输出电流。

（7）控制信号的输入电路采用光耦器件隔离，降低外部噪声的干扰。

3．驱动器与控制器连接图

驱动器与控制器 PLC 之间的连接可采用共阳极或共阴极的接线方式。共阳极接法如图 3-1-6 所示。

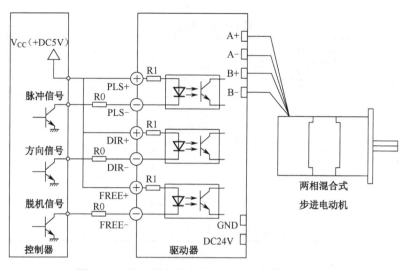

图 3-1-6　驱动器与控制器 PLC 共阳极接法示意图

驱动器与控制器 PLC 连接图的说明：

① 电源 DC 5V 的正极接至驱动器的输入端子（PLS+、DIR+、FREE+），这样脉冲信号、方向信号及脱机信号的低电平均视为有效信号。

② 方向信号为高电平时，电动机反转；低电平时，电动机正转。

③ 脱机信号为高电平或悬空时，转子处于锁定状态；低电平时，电动机相电流被切断，转子处于脱机自由状态。

4．DIP 拨码开关

（1）DIP 功能命名

在步进驱动器的顶部有一个红色的 8 位 DIP 功能设定开关，可以用来设定驱动器的工作方式和工作参数。注意：更改拨码开关的设定之前请先断开电源。

DIP 开关的功能命名见表 3-1-2。

表 3-1-2　DIP 开关的功能命名

拨码开关序号	ON 功能	OFF 功能	DIP 开关正视图
DIP1～DIP4	细分设置用	细分设置用	
DIP5	自动半流功能有效（静态电流半流）	自动半流功能禁止（静态电流全流）	
DIP6～DIP8	输出电流设置用	输出电流设置用	

（2）细分设定

利用步进驱动器的拨码开关 DIP2～DIP4 可以组合出不同的细分。细分为整步时，驱动器每接收到一个脉冲，带动电动机转动 1.8°；细分为半步（2 细分）时，驱动器每接收到一个脉冲，带动电动机转动 0.9°；其余细分以此类推。细分设定见表 3-1-3。

表 3-1-3　细分设定

拨 码 开 关			DIP1 为 ON	DIP1 为 OFF
DIP2	DIP3	DIP4	细分	细分
ON	ON	ON	*N/A	2
OFF	ON	ON	4	4
ON	OFF	ON	8	5
OFF	OFF	ON	16	10
ON	ON	OFF	32	25
OFF	ON	OFF	64	50
ON	OFF	OFF	128	100
OFF	OFF	OFF	256	200

注：* N/A 代表无效，无整步功能，禁止将拨码开关拨到 N/A 挡

（3）输出电流设定

输出电流设定见表 3-1-4。

表 3-1-4　输出电流设定

拨 码 开 关			输出电流峰值（A）
DIP6	DIP7	DIP8	
ON	ON	ON	1.2
ON	ON	OFF	1.5
ON	OFF	ON	1.8
ON	OFF	OFF	2.0
OFF	ON	ON	2.5
OFF	ON	OFF	2.8
OFF	OFF	ON	3.0
OFF	OFF	OFF	3.5

【阅读材料】

步进电动机的运行检测

一、步进电动机转速与频率的关系

测试的方法与步骤如下：

① 闭合实训台的电源总开关，连接 PLC 与触摸屏的通信线。

② 选择触摸屏上的"速度 1"按钮，再按下"正转启动"按钮，步进电动机启动，待电动机速度稳定后，从仪表盘上读出转速数值。测量后按下"停止"按钮，让电动机停止运行。

③ 继续选择"速度 2"至"速度 4"按钮，逐次测量电动机的转速。

④ 记录测量的数据，并填写在表 3-1-5 中。

表 3-1-5　步进电动机转速与频率关系测试数据表

测试条件：空载（无细分，电流 1.8A）

脉冲频率 f(Hz)	200	400	600	800
转速 n(r/min)				

⑤ 测试任务完成后，关闭实训台的总电源开关，整理实训台。

⑥ 绘制步进电动机的转速 n 随频率 f 变化的关系曲线 $n=f(f)$，如图 3-1-7 所示。

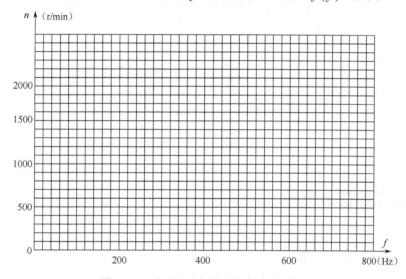

图 3-1-7　步进电动机转速与频率关系曲线

二、步进电动机最大转矩与频率之间的关系

测试的方法与步骤如下：

① 选择触摸屏上的"速度 1"按钮，再按下"正转启动"按钮，步进电动机在空载情况下启动。

② 接通制动器电源并逐渐加大制动电流，当步进电动机速度急速下降时，记录此时的最大转矩。

③ 用同样的方法继续选择"速度 2"至"速度 4"按钮，逐次测量最大转矩。

④ 记录测量数据，并填写在表 3-1-6 中。

表 3-1-6　步进电动机最大转矩与频率关系测试数据表

测试条件：负载（无细分，电流 1.8A）

速 度 标 号	速度 1	速度 2	速度 3	速度 4	速度 5	速度 6
最大转矩 T_L(N·m)						

⑤ 测试任务完成后，关闭实训台的总电源开关，整理实训台。

⑥ 绘制步进电动机的最大转矩 T_L 随频率变化的关系曲线 $T_L=f(f)$，如图 3-1-8 所示。

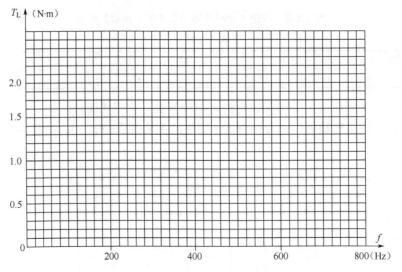

图 3-1-8　步进电动机最大转矩与频率关系曲线

 完成工作任务指导

一、工具与器材准备

1．工具

活动扳手、内六角扳手、直角尺、游标卡尺、橡胶锤、钢锯、剪刀、螺钉旋具、剥线钳、压线钳等。

2．器材

实训台、万用表、兆欧表、钳形表、工业线槽、$1.0mm^2$ 红色和蓝色多股软导线、$1.0mm^2$ 黄绿双色 BVR 导线、$0.75mm^2$ 黑色和蓝色多股导线、冷压接头 SVϕ1.5-4、号码管、缠绕带、捆扎带，其他器材清单见表 3-1-7。

表 3-1-7　器材清单表

序　号	名　称	型号/规格	数　量
1	步进电动机	步科 2S56Q-02976	1 台
2	步进驱动器	步科 2M530	1 只
3	可编程控制器	FX3U-32M	1 只
4	触摸屏	Smart700	1 只
5	DC 24V 电源模块	—	1 只
6	接线端子排	TB-1512	3 条
7	安装导轨	C45	若干
8	通信线	—	—

二、控制电路安装

1．元器件选择与检测

根据图 3-1-1 所示电气控制电路原理图和表 3-1-7 所列器材清单表，正确选择本次工作任务所需的元器件，并对所有元器件的型号、外观及质量进行检测。

2．线槽和元器件安装

（1）线槽安装

根据图 3-1-2，用钢尺量好线槽尺寸后，将其夹在台虎钳上用钢锯切割，并牢固安装于实训台右侧钢质多网孔板上。

（2）元器件安装

将已检测好的元器件按图 3-1-2 所示的位置进行排列放置，并安装固定。

（3）电动机安装（略）

3．控制电路接线

根据电气控制电路原理图和电气元件布置图，按以下接线工艺规范要求完成：

（1）主电源与 DC 24V 电源模块、PLC、驱动器之间连接电路的接线；

（2）PLC 输出端子与驱动器输入端子连接电路的接线；

（3）驱动器与步进电动机连接电路的接线；

（4）DC 24V 开关电源与触摸屏电路的接线。

步进电动机控制电路的安装如图 3-1-9 所示。

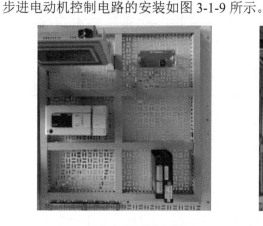

（a）电气元件的安装 　　　　　　　　（b）控制电路的接线

图 3-1-9　步进电动机控制电路的安装

三、触摸屏程序的编写

1．设置按钮变量

图 3-1-3 所示为触摸屏控制画面，共有 7 个按钮，包含速度选择按钮"速度 1"至"速度 4"，运行选择按钮"正转启动"和"反转启动"，控制电动机停止的"停止"按钮。根据控制要求，设置各个按钮的变量见表 3-1-8。

表 3-1-8 设置按钮变量

序号	按钮名称	变量	内部变量	序号	按钮名称	变量	内部变量
1	停止	M0	—	5	速度 4	M4	内部变量-11
2	速度 1	M1	内部变量-8	6	正转启动	M5	内部变量-12
3	速度 2	M2	内部变量-9	7	反转启动	M6	内部变量-13
4	速度 3	M3	内部变量-10				

2. 建立变量表

在选择好通信驱动程序 Mitsubishi FX 后，建立变量表，见表 3-1-9。

表 3-1-9 变量表

名　　称	连　　接	数据类型	地　　址	注　　释
变量_1	连接_1	Bit	M0	停止按钮
变量_2	连接_1	Bit	M1	速度 1
变量_3	连接_1	Bit	M2	速度 2
变量_4	连接_1	Bit	M3	速度 3
变量_5	连接_1	Bit	M5	速度 4
变量_6	连接_1	Bit	M6	正转
变量_7	连接_1	Bit	M6	反转
变量_8	<内部变量>	Bool	<没有地址>	速度 1 按钮动画标志
变量_9	<内部变量>	Bool	<没有地址>	速度 2 按钮动画标志
变量_10	<内部变量>	Bool	<没有地址>	速度 3 按钮动画标志
变量_11	<内部变量>	Bool	<没有地址>	速度 4 按钮动画标志
变量_12	<内部变量>	Bool	<没有地址>	正转按钮动画标志
变量_13	<内部变量>	Bool	<没有地址>	反转按钮动画标志
变量_14	<内部变量>	Bool	<没有地址>	启动按钮动画标志

3. 设置按钮组态

设置按钮组态主要包括常规、属性、动画、事件等内容，这里不再复述。

四、PLC 控制程序的编写

1. 画工作流程图

分析控制要求不难发现，工作过程可分为速度选择、启动及停止状态（初始状态）。电动机运行后速度和方向不能切换的要求由触摸屏来设定，与 PLC 无关。其工作流程图如图 3-1-10 所示。

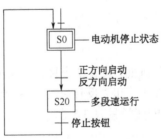

图 3-1-10 工作流程图

2. 编写 PLC 控制程序

步进指令梯形图程序如图 3-1-11 所示，仅供参考。

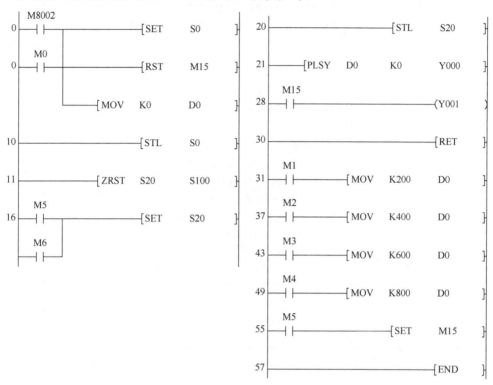

图 3-1-11 步进指令梯形图程序

五、调试控制电路

通电试车时，必须有指导老师在现场监护！

检查电路正确无误后，将设备电源控制单元的单相 220V 电源连接到控制电路板端子排上。接通电源总开关后，按下电源启动按钮，连接通信线，下载触摸屏、PLC 程序。

按照工作任务描述按下触摸屏上的速度按钮、正转（或反转）启动按钮，检查电动机是否以相对应的速度运行；此时按下其他速度按钮和方向按钮，检查电动机的运行情况是否会变化。

六、工作任务评价表

请填写步进电动机控制电路安装与调试工作任务评价表，见表 3-1-10。

表 3-1-10 步进电动机控制电路安装与调试工作任务评价表

序号	评价内容	配分	评 价 细 则	学生评价	老师评价
1	工具与器材准备	10	（1）工具少选或错选，扣 2 分/个； （2）元器件少选或错选，扣 2 分/个		

续表

序号	评价内容	配分	评 价 细 则	学生评价	老师评价
2	电路安装	40	（1）元器件检测不正确或漏检，扣2分/个； （2）工业线槽不按尺寸安装或安装不规范、不牢固，扣5分/处； （3）元器件不按图纸位置安装或安装不牢固，扣2分/只； （4）电动机安装不到位或不牢固，扣10分； （5）不按电气控制电路原理图接线，扣20分； （6）接线不符合工艺规范要求，扣2分/条； （7）损坏导线绝缘层或线芯，扣3分/条； （8）导线不套号码管或不按图纸编号，扣1分/处		
3	电路调试	40	（1）通电试车前未做电路检查工作，扣15分； （2）电路未做绝缘电阻检测，扣20分； （3）万用表使用方法不当，扣5分/次； （4）通电试车不符合控制要求，扣10分/项； （5）通电试车时，发生短路跳闸现象，扣10分/次		
4	职业与安全意识	10	（1）未经允许擅自操作或违反操作规程，扣5分/次； （2）工具与器材等摆放不整齐，扣3分； （3）损坏器件、工具或浪费材料，扣5分； （4）完成工作任务后，未及时清理工位，扣5分； （5）严重违反安全操作规程，取消考核资格		
	合计	100			

思考与练习

一、填空题

1. 步进电动机是一种把_____信号转换成_____或线位移的开环控制元件，由步进驱动器提供输入电脉冲，每输入一个脉冲信号，步进电动机转子就转过一个固定的角度。

2. 步科 2M530 型步进驱动器各符号的含义是：（1）2 表示_____；（2）M 表示_____型；（3）5 表示供电电压_____V；（4）30 表示输出相电流峰值_____A。

3. 若步进驱动器的细分为整步时，驱动器每接收到一个脉冲，带动电动机转动 1.8°；细分半步（2 细分）时，电动机将转动_____。

4. 上位机发出 2000Hz、100 个脉冲，步进驱动器为 4 细分时，步进电动机的转速为_____r/s；转动_____圈。当细分增加时，转速_____、转动圈数_____（填上升、下降、增加、减少或不变）。

二、简答题

1. 在调试控制电路过程中，步进电动机发生失步现象是什么原因？

2. 步进电动机的转速及停止位置与电脉冲信号有什么关系？

3. 步进电动机的转速与脉冲频率的比值是不是一个常数？

4. 步科 2M530 型驱动器具有哪些特点？

三、实操题

步进电动机控制电路原理图如图 3-1-12 所示。按下按钮 SB1，步进电动机以 0.5r/s 的转速正转启动；按下按钮 SB3，电动机停止；按下按钮 SB2，步进电动机以 0.5r/s 的转速反转启动。步进驱动器设置为 2 细分，输出电流为 3A。根据以上要求，请完成以下任务：

（1）编写 PLC 控制程序。

（2）安装与调试控制电路。

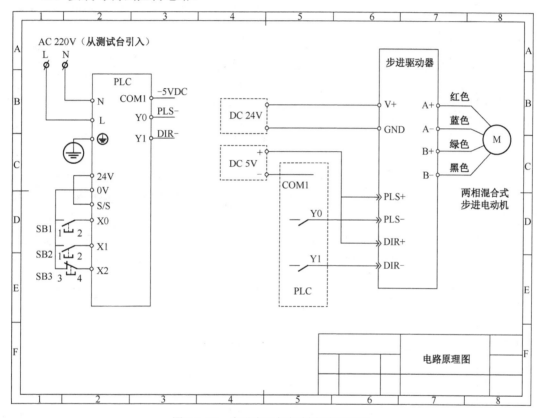

图 3-1-12　步进电动机控制电路原理图

任务 3–2　交流伺服电动机控制电路安装与调试

工作任务

基于位置控制模式交流伺服电动机 PLC 控制电路，其电气控制电路原理图如图 3-2-1 所示，其电气元件布置图如图 3-2-2 所示。

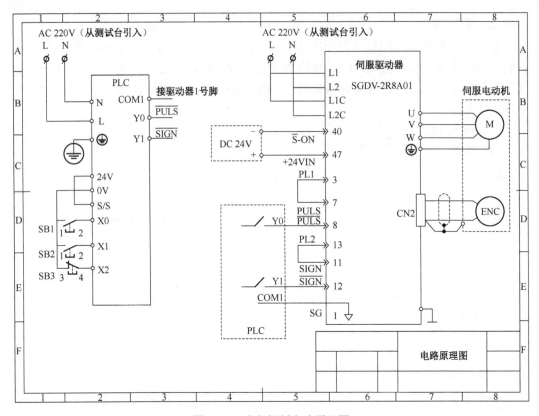

图 3-2-1　电气控制电路原理图

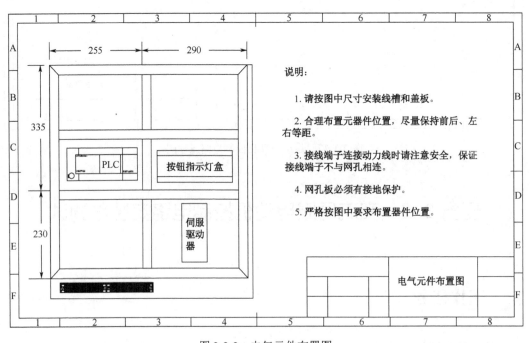

图 3-2-2　电气元件布置图

控制要求：按下按钮 SB1，交流伺服电动机正转启动；按下按钮 SB2，交流伺服电动机反转启动；按下按钮 SB3，交流伺服电动机停止转动。正/反转运行必须在按下按钮 SB3 后才能进行方向切换。已知正向脉冲频率 1000Hz，反向脉冲频率 2000Hz，电子齿轮比为 4。

根据控制要求，请完成下列工作任务：

（1）根据电气控制电路原理图正确选择元器件。

（2）根据电气控制电路原理图和电气元件布置图，按接线工艺规范要求安装控制电路。

（3）根据控制要求编写 PLC 程序。

（4）调试控制电路，以达到控制要求。

相关知识

一、交流伺服电动机

1．交流伺服电动动机的结构

交流伺服电动机的结构与普通鼠笼式异步电动机基本一样，它的定子装有空间相隔 90° 的两个绕组，一个是励磁绕组，另一个是控制绕组，如图 3-2-3 所示。

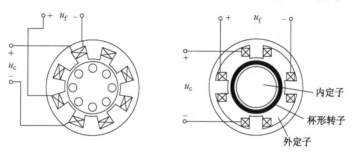

（a）鼠笼形转子电动机　　　　　　（b）杯形转子电动机

图 3-2-3　交流伺服电动机的结构示意图

交流伺服电动机的转子有鼠笼形转子和杯形转子两种。鼠笼形转子和三相鼠笼式异步电动机结构相似，只是造型细长以减小转动惯量；杯形转子是用铝合金或黄铜等非磁性材料制成的空心杯转子，以减小转动惯量，其交流伺服电动机的定子铁芯分为两部分，一个称外铁芯定子部分，另一个称内铁芯定子部分。当前主要应用的是鼠笼形转子的交流伺服电动机。

2．交流伺服电动机的工作原理

交流伺服电动机的工作原理与电容分相式单相异步电动机相似，励磁绕组中串有电容器用于移相，如图 3-2-4 所示。当定子的控制绕组没有控制电压，只在励磁绕组通入交流电时，在电动机的气隙中将产生交流脉动磁场，伺服电动机的转子不会产生电磁转矩，伺服电动机也不会转动。如果在励磁绕组通入交流电的同时，控制绕组加上交流控制电压，适当的电容 C 值可使励磁电流和控制电流在相位上近似相差 90°，结果在电动机的气隙中产生旋转磁场，产生电磁转矩，伺服电动机就会转动起来。

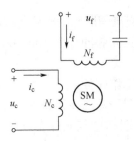

图 3-2-4　交流伺服电动机工作原理图

当控制电压消失后，仅有励磁电压作用时，伺服电动机便成为单相异步电动机继续转动，不会自行停车，这种现象称为"自转"。为了防止自转现象的发生，转子导体必须选用电阻率大的材料制成。

一般使交流伺服电动机转子电阻增大到临界转差率 $s_m > 1$，这样，即使伺服电动机运行中控制电压消失，伺服电动机转子也不会继续转动。因为，此时励磁绕组的脉动磁场会产生制动的电磁转矩，使转子迅速停止转动。

图 3-2-5 为交流伺服电动机在不同控制电压（U_C）下的机械特性曲线。由图可知，在一定的负载转矩下，控制电压越大，转速越高；在一定的控制电压下，负载增加，转速下降。同时，由于转子电阻较大，机械特性很软，这不利于系统的稳定。

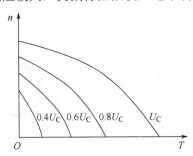

图 3-2-5　交流伺服电动机在不同控制电压下的机械特性曲线（U_f=常数）

3．交流伺服电动机的型号

安川系列交流伺服电动机型号的含义见表 3-2-1。

表 3-2-1　安川系列交流伺服电动机型号的含义

SGMJV -		04	A	D	E	6	S
Σ-V 系列伺服电动机 SGMJV 型		第 1+2 位	第 3 位	第 4 位	第 5 位	第 6 位	第 7 位
符　号	规　　格			符　号	规　　格		
第 1+2 位：额定输出				第 5 位：设计顺序			
A5	50W			A	标准		
01	100W			第 6 位：轴端			
02	200W			2	直轴、不带键槽（标准）		
04	400W			6	直轴、带键槽（选购件）		
08	750W			B	带两面平面座（选购件）		

续表

符　号	规　　格	符　号	规　　格
第3位：电源电压		第7位：选购件	
A	AC 200V	1	不带选购件
第4位：串行编码器		C	带制动器（DC 24V）
3	20位绝对值（标准）*	E	带油封、带制动器（DC 24V）
D	20位增量型（标准）	S	带油封
A	13位增量型（标准）	*说明：将配备了 20 位绝缘值编码器的伺服电动机 SGMJV 型和本公司伺服单元 SGDV 型配套包装	

二、伺服驱动器

1．伺服驱动器的外形及连接线

安川 SGDV-2R8A01A 型伺服驱动器的外形及连接线如图 3-2-6 所示。

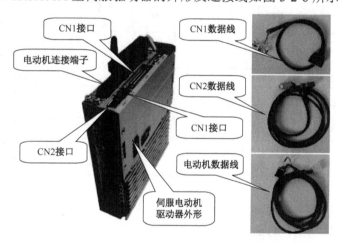

图 3-2-6　安川 SGDV-2R8A01A 型伺服驱动器外形及连接线

2．伺服驱动器的额定值

安川 Σ-V 系列主要用于需要"高速、高频度、高定位精度"的场合，该伺服驱动器可在最短的时间内最大限度地发挥机器性能，有助于提高生产效率。SGDV 型单相 200V 的额定值见表 3-2-2。

表 3-2-2　SGDV 型单相 200V 的额定值

SGDV 型单相 200V	120（正式型号为 SGDV-120A01A008000）
连续输出电流（A）	11.6
瞬时最大输出电流（A）	28
再生电阻器	内置/外置
主回路电源	单相 AC 220～230V、+10%～-15%、50～60Hz
控制电源	单相 AC 220～230V、+10%～-15%、50～60Hz
过电压等级	III

3．伺服驱动器的型号

伺服驱动器型号的含义见表 3-2-3。

表 3-2-3　伺服驱动器型号的含义

SGDV -	2R8	A	01	A	000	00	0
Σ-V 系列	第 1+2+3 位	第 4 位	第 5+6 位	第 7 位	第 8+9+10 位	第 11+12 位	第 13 位
第 1+2+3 位：电流规格				第 7 位：设计顺序			
电压（V）	符号	最大适用电动机容量（kW）		第 8+9+10 位：硬件规格			
100	R70	0.05		符号	规格		
200	2R8	0.4		000	基座安装型（标准）		
400	1R9	0.5		001	搁架安装型		
第 4 位：电压规格				002	涂漆处理		
符号	电压（V）			003	搁架安装型+涂漆处理		
F	100			008	单相 200V 电源输入规格（型号：SGDC-120□1A008000）		
A	200			020	动态制动器（DB）		
D	400			第 11+12 位：软件规格			
第 5+6 位：接口规格				符号	规格		
符号	接口			00	标准		
01	模拟量电压·脉冲序列指令型旋转型伺服电动机			第 13 位：参数规格			
05	模拟量电压/脉冲序列指令型直线伺服电动机			0	标准		

4．伺服驱动器各部分的名称及功能

（1）伺服驱动器各部分的名称

伺服驱动器各部分的名称如图 3-2-7 所示。

（2）伺服单元 CN1 的名称和功能

伺服单元 CN1 输入/输出信号的名称和功能见表 3-2-4 和表 3-2-5。

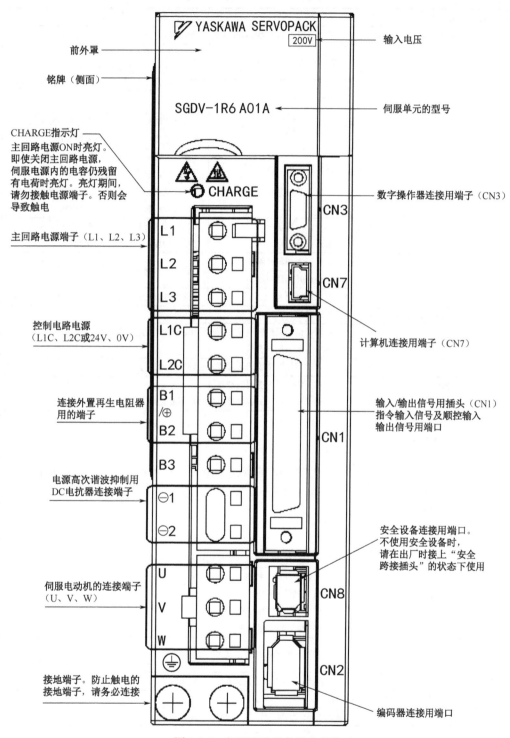

图 3-2-7 伺服驱动器各部分名称

表 3-2-4　伺服单元 CN1 输入信号的名称和功能

控制方式	信　号　名	针号	功　　　能	
通用	$\overline{S}$ -ON	40	控制伺服电动机 ON/OFF（通电/不通电）的信号	
	$\overline{P}$ -ON	41	P 动作指令	信号 ON 时，速度控制环从 PI（比例、积分）控制切换为 P（比例）控制
			旋转方向指令	选择内部设定速度控制时，切换电动机的旋转方向
			控制方式切换	以"位置←→速度"、"位置←→转矩"、"转矩←→速度"的形式切换控制方式
			带零位固定功能的速度控制	选择了带零位固定功能的速度控制时，当信号 ON 时，速度指令将被看作零
			带指令脉冲禁止功能的位置控制	选择了带指令脉冲禁止功能的位置控制时，当信号 ON 时，将禁止指令脉冲的输入
	P-OT	42	禁止正转驱动	当机械运行超过可移动的范围时，停止伺服电动机的驱动（超程防止功能）
	N-OT	43	禁止反转驱动	
	$\overline{P}$ -CL	45	正转侧外部转矩限制	切换外部转限制功能的有效/无效
	$\overline{N}$ -CL	46	反转侧外部转矩限制	
			内部速度切换	选择内部设定速度控制时，切换内部设定速度
	$\overline{ALM}$ -RST	44	解除警报	
	+24VIN	47	在顺控信号用控制电源输入时使用。工作电压范围：11～25V（+24V 电源请用户自备）	
	SEN	4（2）	输入使用绝对值编码器时要求初始数据的信号	
	BAT（+）	21	绝对值编码器的备用电池连接针；	
	BAT（−）	21	使用带电池单元的编码器电缆时请不要连接	
	$\overline{SPD}$ -D $\overline{SPD}$ -A $\overline{SPD}$ -B $\overline{C}$ -SEL $\overline{ZCLAMP}$ $\overline{INHIBIT}$ $\overline{G}$ -SEL $\overline{PSEL}$	是可分配的信号	可变更 $\overline{S}$ -ON、$\overline{P}$ -CON、P-OT、N-OT、$\overline{P}$ -CL、$\overline{N}$ -CL、$\overline{ALM}$ -RST 的各输入信号，对功能进行分配	
速度	V-REF	5（6）	输入速度指令。最大输入电压：±12V	
	PULS	7	设定以下任意一种输入脉冲形态 •符号+脉冲序列 •CW+CCW 脉冲序列 •90°相位差 2 相脉冲	
	$\overline{PULS}$	8		
	SIGN	11		
	$\overline{SIGN}$	12		
	CLR	15	位置控制时清除位置偏差	
	$\overline{CLR}$	14		
转矩	T-REF	9（10）	输入转矩指令。最大输入电压：±12V	

注：（　）内的针号用于信号接地（SG）

CN1 输入/输出接口插座针号（编号 1～50）示意图

表 3-2-5　伺服单元 CN1 输出信号的名称和功能

控制方式	信 号 名	针 号	功 能	
通用	ALM+	31	检出故障时 OFF（断开）	
	ALM−	32		
	$\overline{TGON}$＋	27	伺服电动机的速度高于设定值时 ON（闭合）	
	$\overline{TGON}$−	28		
	$\overline{S}$-RDY+	29	在可接收伺服 ON（/S-ON）信号的状态下 ON（闭合）	
	$\overline{S}$-RDY−	30		
	PAO	33	A 相信号	是 90°相位差的编码器分频脉冲输出信号
	$\overline{PAO}$	34		
	PBO	35	B 相信号	
	$\overline{PBO}$	36		
	PCO	19	C 相信号	是原点脉冲输出信号
	$\overline{PCO}$	20		
	AL01	37（1）	输出 3 位警报代码	
	AL02	38（1）		
	AL03	39（1）		
	FG	壳体	如果已将输入/输出信号用电缆的屏蔽层连接到连接器壳体，即已进行了框架接地	
	$\overline{CLT}$	是可分配的信号	可变更 $\overline{TGON}$、$\overline{S}$-RDY、$\overline{V}$-COMP（$\overline{COIN}$）的各输出信号，对功能进行分配	
	$\overline{VLT}$			
	$\overline{BK}$			
	$\overline{WARN}$			
	$\overline{NEAR}$			
	$\overline{PSELA}$			
速度	$\overline{V}$-CMP+	25	选择了速度控制时，电动机速度在设定范围内与速度指令值一致时 ON（闭合）	
	$\overline{V}$-CMP−	26		
位置	$\overline{COIN}$＋	25	选择了位置控制时，位置偏差在设定值内时 ON（闭合）	
	COIN−	26		
	PL1	3	集电极开路指令用电源的输出信号	
	PL2	13		
	PL3	18		
	—	16	请勿使用	
		17		
		23		
		24		
		48		
		49		

注：（　）内的针号用于信号接地（SG）

（3）编码器信号 CN2 的名称和功能

编码器信号 CN2 的名称和功能见表 3-2-6。

表 3-2-6　编码器信号 CN2 的名称及功能

信 号 名	针 号	功 能	备 注
PG 5V	1	编码器电源+5V	
PG 0V	2	编码器电源0V	
BAT（+）	3	电池（+）	
BAT（−）	4	电池（−）	增量型编码器时不需要连接
PS	5	串行数据（+）	
$\overline{PS}$	6	串行数据（−）	
屏蔽	壳体		

5. 速度、位置及转矩控制模式的规格

速度、位置及转矩控制模式的规格见表 3-2-7。

表 3-2-7　速度、位置及转矩控制模式的规格

控制方式			规　　格
速度控制	软启动时间设定		0～10s（可分别设定加速与减速）
	输入信号	指令电压	最大输入电压：±12V（正电压指令时电动机正转） DC 6V 时为额定转速（出厂设定） 可变更输入增益设定
		输入阻抗	14kΩ
		回路时间参数	30μs
	内部设定速度控制	旋转方向选择	使用 P 动作信号
		速度选择	使用正转侧/反转侧外部转矩限制信号输入（第 1～3 速度选择） 两侧均为 OFF 时，停止或变为其他控制方式
位置控制	前馈补偿		0%～100%
	定位完成幅宽设定		0～1 073 741 824 指令单位
	输入信号	指令脉冲 输入脉冲种类	选择以下任意一种： 符号+脉冲序列、CW+CCW 脉冲序列、90°相位差二相脉冲
		指令脉冲 输入脉冲形态	支持线性驱动、集电极开路
		指令脉冲 最大输入脉冲频率	线性驱动： 　符号+脉冲序列、CW+CCW 脉冲序列：4Mpps 　90°相位差二相脉冲：1Mpps 集电极开路： 　符号+脉冲序列、CW+CCW 脉冲序列：200kpps 　90°相位差二相脉冲：200kpps
		指令脉冲 指令脉冲输入倍率切换	1～100 倍
		清除信号	清除位置偏差 支持线性驱动、集电极开路
转矩控制	输入信号	指令电压	最大输入电压：±12V（正电压指令时，为正转转矩输出） DC 3V 时为额定转速（出厂设定） 可变更输入增益设定
		输入阻抗	约 14kΩ
		回路时间参数	16μs

6. 驱动器的面板操作器

驱动器的面板操作器各按键的名称及功能见表 3-2-8。

表 3-2-8　驱动器面板操作器按键的名称及功能

按　键	按键名称	功　　能	按键示图
1	MODE/SET 键	用于切换显示的按键；用于确定设定值的按键	
2	UP 键	增大（增加）设定值的按键	
3	DOWN 键	减小（减少）设定值的按键	
4	DATA/SHIFT 键	显示设定值。此时，按 DATA/SHIFT 键约 1s，将数位向左移一位（数位闪烁时）	

面板操作器由面板显示部分和按键部分构成。通过面板操作器可以显示状态、执行辅助功能、设定参数、监视伺服单元的动作。

面板操作器还具有使伺服警报复位的功能：同时按住 UP 键和 DOWN 键，便可使伺服警报复位。但在使伺服警报复位之前，请务必排除警报原因。

面板操作器面板显示部分可显示警报信息、辅助功能、参数设定、监视显示等内容。具体操作流程如图 3-2-8 所示。

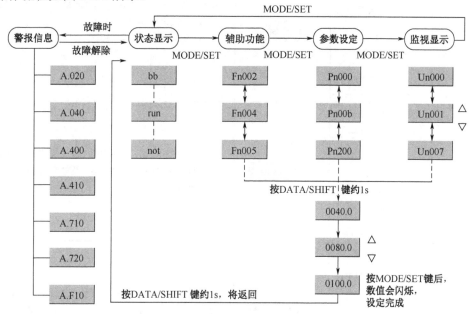

图 3-2-8　面板驱动器面板操作流程

① 数显示。由于面板操作器显示窗口只能显示 5 位数，所以 6 位以上的设定值只能移动分段显示，从最低 4 位开始往高位移位显示，如图 3-2-9 所示。

以定位完成幅度 Pn522 设定值设为"0123456789"为例，说明数值型参数的设定方法，其操作步骤见表 3-2-9。

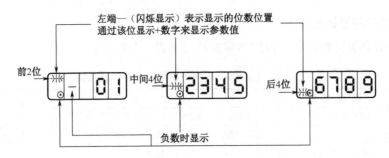

图 3-2-9 数显示

表 3-2-9 数值型参数设定的操作步骤

步　骤	操作后的面板显示	使用的按键	操 作 说 明
1	Pn522	MODE SET ▲ ▼ DATA ◄	按 MODE/SET 键进入参数（Pn□□□）设定状态。 按 DATA/SHIFT 键，UP 或 DOWN 键显示"Pn522"
2	后 4 位变更前 0007 ↓ 后 4 位变更后 6789	MODE SET ▲ ▼ DATA ◄	按 DATA/SHIFT 键约 1s，显示 Pn522 的当前设定值的后 4 位（该例中显示为 0007）。 按 DATA/SHIFT 键，移动数位，设定各位的数值（该例中设定为 6789）
3	中间 4 位变更前 0000 ↓ 中间 4 位变更后 2345	MODE SET ▲ ▼ DATA ◄	按 DATA/SHIFT 键，显示中间 4 位（该例中显示 0000）。 按 DATA/SHIFT 键，移动数位，设定各位的数值（该例中设定为 2345）
4	前 2 位变更前 00 ↓ 前 2 位变更后 01	MODE SET ▲ ▼ DATA ◄	按 DATA/SHIFT 键，显示前 2 位（该例中显示 00）。 按 DATA/SHIFT 键，移动数位，设定各位的数值（该例中设定为 01），这样就设定了"0123456789"的数值
5	01 ↓ Pn522	MODE SET ▲ ▼ DATA ◄	按 MODE/SET 键，将通过该操作设定的数值（该例中显示 0123456789）写入伺服单元。 写入期间，前 2 位的显示会闪烁；写入完成后，按 DATA/SHIFT 键约 1s，返回"Pn522"的显示

② 状态显示。面板操作器的显示部分可显示伺服驱动器的状态，见表 3-2-10。

表 3-2-10　伺服驱动器的状态显示（位数据+缩略符号）

缩略符号	意义	缩略符号	意义
	基极封锁中，表示伺服 OFF 状态		安全功能。表示安全功能启动，伺服单元处于硬接线基极封锁状态
	运行中，表示伺服 ON 状态		警报状态，闪烁显示警报编号
	禁止正转驱动状态，表示输入信号（P-OT）为开路状态		无电动机测试功能运行中
	禁止反转驱动状态，表示输入信号（N-OT）为开路状态		
	控制电源 ON 显示		旋转检出（$\overline{\text{TGON}}$）显示
	基极封锁显示		速度指令输入中显示（速度控制时）；指令脉冲输入中显示（位置控制时）
	速度一致显示（$\overline{V}$-CMP）（速度控制时）；定位完成显示（$\overline{\text{COIN}}$）（位置控制时）		转矩指令输入中显示（转矩控制时）；清除信号输入中显示（位置控制时）
			电源准备就绪 ON 时显示

7. 伺服驱动器的运行

（1）控制方式的选择

伺服驱动器的控制方式有速度控制、位置控制、转矩控制、内部设定速度控制及其组合共 12 种，可通过 Pn0000.1 进行选择。最基本的控制方式见表 3-2-11。

表 3-2-11　基本控制方式

Pn000.1	控制方式	说明
n.□□0□ [出厂设定]	速度控制	通过模拟量电压速度指令来控制伺服电动机的速度。适合于以下场合： ·控制速度时； ·使用伺服单元的编码器分频脉冲输出，通过上位装置构建位置环进行位置控制时
n.□□1□	位置控制	通过脉冲序列位置指令来控制机器的位置。以输入脉冲数来控制位置，以输入脉冲的频率来控制速度。用于需要定位动作的场合
n.□□2□	转矩控制	通过模拟量电压指令来控制伺服电动机的输出转矩。用于需要输出必要的转矩时（推压动作等）
n.□□3□	内部设定速度控制	以事先在伺服单元中设定的 3 个内部设定速度为指令来控制速度。选择该控制方式时，不需要模拟量指令

（2）基本功能的参数设定

① 使用单相电源

在单相电源使用 2R8A 型伺服单元的主回路电源时，请变更参数 Pn00b.2=1（支持单相电源输入）。使用单相电源的参数设定见表 3-2-12。

表 3-2-12　使用单相电源的参数设定

参　数		含　义	生　效　时　间	类　别
Pn00b.2	n.□0□□ [出厂设定]	以三相电源输入使用	再次接通电源后	基本设定
	n.□1□□	以单相电源输入使用三相输入规格		

② 伺服 ON

设定用于控制伺服电动机通电/非通电的伺服 ON（$\overline{\text{S}}$-ON）信号。信号设定见表 3-2-13，使伺服 ON 有效的参数设定见表 3-2-14。

表 3-2-13　伺服（NO）信号设定

种　类	信　号　名	连接器针号	设　定	含　义
输入	$\overline{\text{S}}$-ON	CN1-40	ON（闭合）	使伺服 ON（通电），进入可运行状态
		[出厂设定]	OFF（断开）	使伺服 OFF（不通电），进入不可运行状态

表 3-2-14　使伺服 ON 有效的参数设定

参　数		含　义	生　效　时　间	类　别
Pn50A.1	n.□□0□ [出厂设定]	从 CN1-40 输入伺服 ON/S（/S-ON）信号	再次接通电源后	基本设定
	n.□□7□	将伺服 ON（/S-ON）信号固定为始终有效		

③ 电动机旋转方向的选择

不用改变速度指令/位置指令的极性（方向指令），即可通过 Pn000.0 来切换伺服电动机的旋转方向。此时，虽然电动机的旋转方向发生改变，但编码器分频脉冲输出等来自伺服单元的输出信号的极性不会改变。出厂设定时的"正转方向"从伺服电动机的负载侧来看是"逆时针旋转（CCW）"。电动机旋转方向的选择设定见表 3-2-15。

表 3-2-15　电动机旋转方向的选择设定

	参　数	方　向　指　令	电动机旋转方向和编码器分频脉冲输出	有　效　超　程
Pn000	n.□□□0 以 CCW 方向为正转方向[出厂设定]	正转指令		P-oT
		反转指令		N-oT
	n.□□□1 以 CW 方向为正转方向（反转模式）	正转指令		P-oT
		反转指令		N-oT

④ 超程防止功能

伺服单元的超程防止功能是指当机械的运行部件超出安全移动范围时，通过输入限位开关的信号，使伺服电动机强制停止的安全功能。圆台和输送机等旋转型用途，有时无须超程功能，此时也无须超程用的输入信号接线。

信号设定见表 3-2-16，超程防止功能的有效/无效的设定见表 3-2-17。

表 3-2-16 信号设定

种 类	信 号 名	连接器针号	设 定	含 义
输入	P-OT	CN1-42	ON	可正转驱动（通常运行）
			OFF	禁止正转驱动（正转侧超程）
	N-OT	CN1-43	ON	可反转驱动（通常运行）
			OFF	禁止反转驱动（正转侧超程）

表 3-2-17 超程防止功能的有效/无效的设定

参 数		含 义	生 效 时 间	类 别
Pn50A	n.2□□□ [出厂设定]	从 CN1-42 输入禁止正转驱动信号（P-OT）	再次接通电源后	基本设定
	n.8□□□	禁止正转驱动信号无效，始终允许正转侧驱动		
Pn50B	n.□□□3 [出厂设定]	从 CN1-43 输入禁止反转驱动信号（P-OT）		
	n.□□□8	禁止反转驱动信号无效，始终允许反转侧驱动		

三、位置控制模式

1. 位置控制模式的基本设定

（1）指令脉冲形态的设定

指令脉冲形态的设定为 Pn200.0，见表 3-2-18。

表 3-2-18 指令脉冲形态的设定

参 数		指令脉冲形态	输入倍增	正 转 指 令	反 转 指 令
Pn200	n.□□□0 [出厂设定]	符号+脉冲序列（正逻辑）	—		
	n.□□□1	CW+CCW 脉冲序列（正逻辑）	—		
	n.□□□2	90°相位差二相脉冲	1 倍		
	n.□□□3		2 倍		
	n.□□□4		4 倍		
	n.□□□5	符号+脉冲序列（负逻辑）	—		
	n.□□□6	CW+CCW 脉冲序列（负逻辑）	—		

（2）输入滤波器的选择

输入滤波器的选择设定参数为 Pn200.3，见表 3-2-19。

表 3-2-19　输入滤波器的选择

参　　数		含　　义	生 效 时 刻	类　　别
Pn200	n.0□□□ [出厂设定]	使用线性驱动信号用指令输入滤波器 1（~1Mpps）	再次接通电源后	基本设定
	n.1□□□	使用集电极开路信号用指令输入滤波器（~200kpps）		
	n.2□□□	使用线性驱动信号用指令输入滤波器 2（1~4Mpps）		

（3）典型电路

集电极开路输出的连接示例图如图 3-2-10 所示。其中，图 3-2-10（a）为伺服电动机基本连接图；图 3-2-10（b）为伺服单元 CN1 接口接线图。

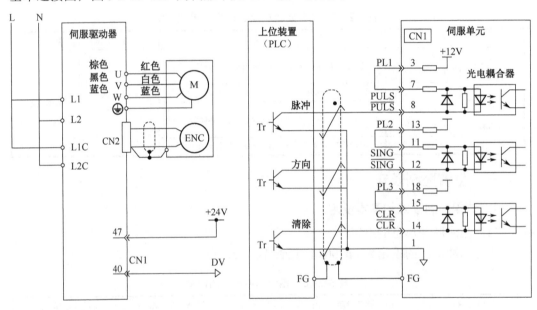

（a）伺服电动机基本连接图　　　　　　　（b）伺服单元 CN1 接口接线图

图 3-2-10　集电极开路输出的连接示例图

2．电子齿轮的设定

电子齿轮提供简单易用的行程比例变更。当电子齿轮比 $B/A=1$ 时，上位机（PLC）命令端每个脉冲所对应到电动机转动脉冲为 1 个脉冲；当电子齿轮比 $B/A=1/2$ 时，命令端每两个脉冲所对应到电动机转动脉冲为 1 个脉冲。

SGMJV-04ADE6S 型伺服电动机的编码器为 20 位增量型的，其分辨率为 $2^{20}=1\,048\,576$。即上位机发送 1 048 576 个脉冲，当电子齿轮比 $B/A=1$ 时，伺服电动机旋转 1 圈；当电子齿轮比 $B/A=1/2$ 时，伺服电动机旋转 0.5 圈。因此，伺服电动机转动 1 圈，上位机（PLC）所需发送的脉冲数可用以下公式计算：

$$[每转脉冲数\ N_0] = [分辨率] \div [电子齿轮比]$$

脉冲频率与伺服电动机转速之间的关系是：

$$[脉冲频率\,f\,（Hz）] = [电动机转速\,n\,（r/s）] \times [每转脉冲数\,N_0]$$

从上位机发送脉冲到伺服电动机接收转动脉冲的过程可用图 3-2-11 所示的框图表示。通过 Pn20E 和 Pn210 参数设定可变更电子齿轮比 B/A，见表 3-2-20。

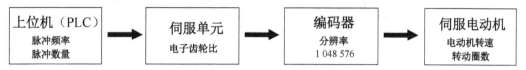

图 3-2-11　脉冲发送过程示意图

表 3-2-20　电子齿轮比的设定

电子齿轮比		设 定 范 围	设 定 单 位	出 厂 设 定	生 效 时 刻	类 别
$\dfrac{B}{A}$	Pn20E	1～1073741842	1	4	再次接通电源后	基本设定
	Pn210	1～1073741842	1	1		
注：电子齿轮比的设定范围为 0.001≤电子齿轮比（B/A）≤4000。若超出该设定范围时，将发生"参数设定异常（A.040）警报"						

【阅读材料】

交流伺服电动机的速度控制模式

一、速度控制的基本设定

为了对伺服电动机进行速度控制，需要设定速度指令输入信号，输入信号设定见表 3-2-21。

表 3-2-21　速度指令输入信号设定

种　类	信 号 名	连接器针号	含　义
输入	V-REF	CN1-5	速度指令输入信号
	SG	CN1-6	速度指令输入信号用信号接地

速度指令输入的最大输入电压为 DC±12V，当设定参数 Pn300=006.00，输入电压 6.00V 时，电动机额定转速为 3000r/min（出厂值）。速度指令输入值见表 3-2-22。

表 3-2-22　速度指令输入值设定

速度指令输入	旋 转 方 向	速　度	SGMJV 型伺服电动机
+6V	正转	额定转速	3000r/min
-3V	反转	1/2 额定转速	-1500r/min
+1V	正转	1/6 额定转速	500r/min

二、速度控制的典型电路

通过可编程控制器等上位装置进行速度控制时，请连接到上位装置的速度指令输出端子上。为抑制噪声，电线请务必使用双股绞合线。速度控制方式的典型电路如图 3-2-12 所示。

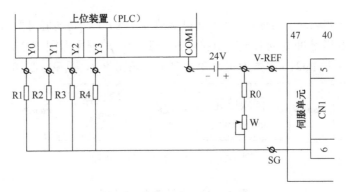

图 3-2-12　速度控制方式的典型电路

三、指令偏差的自动调整

在使用速度控制方式时，即使指令输入值设定为 0V，伺服电动机也有可能微速旋转，这是因为伺服单元内部的指令发生了微小偏差，这种微小偏差被称为"偏置"。

伺服电动机发生微速旋转时，需要使用偏置量的调整功能来消除偏置量。偏置调整有自动调整和手动调整两种方式。自动调整使用指令偏置的自动调整（Fn009）指令；手动调整使用指令偏置的手动调整（Fn00A）指令。指令偏差的调整如图 3-2-13 所示。

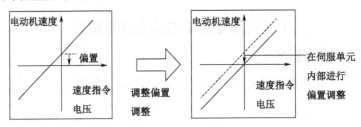

图 3-2-13　指令偏差的调整

自动调整指令偏置是测量偏置量后对指令电压进行自动调整的方法。测得的偏置量将被保存在伺服单元中。执行指令偏置的自动调整前，请先确认：参数禁止写入功能（Pn010）未设为"禁止写入"；伺服为 OFF 状态。否则，操作中会显示"NO-OP"。

即使执行参数设定值初始化（Fn005），调整值也不能被初始化。使用面板操作器执行指令偏置量自动调整见表 3-2-23。

表 3-2-23　指令偏差的自动调整 Fn009 的设定

步　骤	操作后的面板显示	使用的按键	操作说明
1			使伺服 OFF，从上位装置或外部回路输入 0V 指令电压　上位装置　伺服单元　伺服电动机　0V速度指令　伺服OFF　伺服ON时，电动机微旋转
2	Fn000		按 MODE/SET 键选择辅助功能
3	Fn009		按 UP/DOWN 键显示"Fn009"

续表

步　骤	操作后的面板显示	使用的按键	操 作 说 明
4	rEF_o		按 DATA/SHIFT 键约 1s，显示"rEF-o"
5	rEF_o		按 MODE/SET 键后，"donE"闪烁约 1s，然后切换为左图的显示
6	Fn009		按 DATA/SHIFT 键约 1s，则返回"Fn009"的显示

四、软启动

软启动功能是指将步进状速度指令，转换为较为平滑的恒定加减速的速度指令，可设定加速时间和减速时间。在速度控制（包括内部设定速度控制）时，希望实现平滑的速度控制时使用该功能。通常的速度控制下请设定为"0[出厂设定]"。伺服电动机带负载试车时发现停车时有"过电压"警报，所以应适当调整软启动时间，见表 3-2-24。

表 3-2-24　软启动加速和减速时间的设定

Pn305	软启动加速时间		"速度"		类别
	设定范围	设定单位	出厂设定	生效时刻	
	0～10 000	1ms	0	即时生效	基本设定
Pn306	软启动减速时间		"速度"		类别
	设定范围	设定单位	出厂设定	生效时刻	
	0～10 000	1ms	0	即时生效	基本设定

软启动加速时间（Pn305）是指从电动机停止状态到电动机最高速度所需的时间；软启动减速时间（Pn306）是指从电动机最高速度到电动机停止时所需的时间。而电动机实际的加（减）速时间应为"Pn305(Pn306)×目标速度÷最高速度"。

 ## 完成工作任务指导

一、工具与器材准备

1．工具

活动扳手、内六角扳手、直角尺、游标卡尺、橡胶锤、钢锯、剪刀、螺钉旋具、剥线钳、压线钳等。

2．器材

实训台、计算机、万用表、兆欧表、钳形表、工业线槽、1.0mm² 红色和蓝色多股软导线、1.0mm² 黄绿双色 BVR 导线、0.75mm² 黑色和蓝色多股导线、冷压接头 SVϕ1.5-4、号码管、缠绕带、捆扎带，其他器材清单见表 3-2-25。

表 3-2-25　器材清单表

序　号	名　　称	型号/规格	数　　量
1	交流伺服电动机	SGMJV-04ADE6S	1 台
2	伺服驱动器	SGDV-2R8A01A	1 台
3	可编程控制器	FX3U-32MT/ES-A	1 只
4	接线端子排	TB-1512	3 条
5	安装导轨	C45	若干
6	通信线	—	1 条

二、控制电路安装

1．元器件选择与检测

根据图 3-2-1 所示电气控制电路原理图和表 3-2-25 所列器材清单表，正确选择本次工作任务所需的元器件，并对所有元器件的型号、外观及质量进行检测。

2．线槽和元器件安装

（1）线槽安装

根据图 3-2-2，将线槽牢固安装于实训台右侧钢质多网孔板上。

（2）元器件安装

将已检测好的元器件按图 3-2-2 所示的位置进行排列放置，并安装固定。

（3）电动机安装（略）

3．控制电路接线

根据电气控制电路原理图和电气元件布置图，按工艺规范要求完成以下接线：

（1）主电源与 PLC、伺服驱动器之间连接电路的接线；

（2）PLC 输出端子与电阻调压模块、驱动器输入端子连接电路的接线；

（3）从实训台上引入 DC 24V 直流电源与触摸屏电源接口电路的接线；

（4）CN1、CN2 数据线的连接。

交流伺服电动机控制电路的安装如图 3-2-14 所示。

（a）元器件的安装

（b）控制电路的接线

图 3-2-14　交流伺服电动机动控制电路安装

三、PLC 控制程序编写

1. 分析控制要求，画出自动控制的工作流程图

根据控制要求，梯形图程序采用选择性分支与汇合的流程图，工作流程图如图 3-2-15 所示。

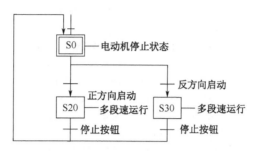

图 3-2-15　工作流程图

2. 编写 PLC 控制程序

步进指令梯形图程序如图 3-2-16 所示，仅供参考。

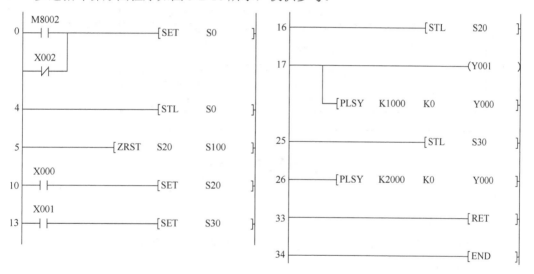

图 3-2-16　步进指令梯形图程序

四、调试控制电路

通电试车时，必须有指导老师在现场监护！

检查电路正确无误后，将设备电源控制单元的单相 220V 电源连接到控制电路板端子排上。接通电源总开关，按下电源启动按钮，连接通信线，下载 PLC 程序。

按照工作任务描述按下正转（或反转）启动按钮，检查电动机是否以相对应的速度和方向运行，检查电动机的运行情况是否会变化。

五、工作任务评价表

请填写交流伺服电动机控制电路安装与调试工作任务评价表，见表3-2-26。

表 3-2-26　交流伺服电动机控制电路安装与调试工作任务评价表

序号	评价内容	配分	评 价 细 则	学生评价	老师评价
1	工具与器材准备	10	（1）工具少选或错选，扣 2 分/个； （2）元器件少选或错选，扣 2 分/个		
2	电路安装	40	（1）元器件检测不正确或漏检，扣 2 分/个； （2）工业线槽不按尺寸安装或安装不规范、不牢固，扣 5 分/处； （3）元器件不按图纸位置安装或安装不牢固，扣 2 分/只； （4）电动机安装不到位或不牢固，扣 10 分； （5）不按电气控制电路原理图接线，扣 20 分； （6）接线不符合工艺规范要求，扣 2 分/条； （7）损坏导线绝缘层或线芯，扣 3 分/条； （8）导线不套号码管或不按图纸编号，扣 1 分/处		
3	电路调试	40	（1）通电试车前未做电路检查工作，扣 15 分； （2）电路未做绝缘电阻检测，扣 20 分； （3）万用表使用方法不当，扣 5 分/次； （4）通电试车不符合控制要求，扣 10 分/项； （5）通电试车时，发生短路跳闸现象，扣 10 分/次		
4	职业与安全意识	10	（1）未经允许擅自操作或违反操作规程，扣 5 分/次； （2）工具与器材等摆放不整齐，扣 3 分； （3）损坏器件、工具或浪费材料，扣 5 分； （4）完成工作任务后，未及时清理工位，扣 5 分； （5）严重违反安全操作规程，取消考核资格		
	合计	100			

思考与练习

一、填空题

1. 交流伺服电动机能将输入的_____信号转换成_____和速度输出，以驱动控制对象，在自动控制系统中作为执行元件。

2. 交流伺服电动机的定子装有空间相隔 90°的两个绕组，一个是_____绕组，另一个是_____绕组；转子有_____形和_____形两种，前者与鼠笼式异步电动机结构相似。

3. 当只在励磁绕组通入交流电时，在电动机的气隙中将产生_____磁场，伺服电动机_____转动；当控制绕组再加上交流控制电压，在电动机的气隙中产生_____磁场，伺服电动机_____转动起来。

4. 当电子齿轮比等于 1 时，上位机命令端每个脉冲所对应到电动机转动脉冲为___个脉冲；当电子齿轮比 $B/A=1/2$ 时，命令端每两个脉冲所对应到电动机转动脉冲为___个脉冲。通过_____和_____参数设定可变更电子齿轮比。

二、简答题

1．交流伺服电动机的转速与脉冲频率的比值是不是一个常量？

2．伺服驱动器有哪三种基本控制模式？

3．交流伺服电动机的结构与交流异步电动机有什么异同点？

4．交流伺服电动机的转速与频率、分辨率、电子齿轮比之间有什么关系？

三、实操题

试用触摸屏控制交流伺服电动机的多段速度运行，电气控制电路原理图参照图 3-2-1。控制要求：

① 选择按钮开关指示灯盒中 SB1、SB3 分别作为启动和停止按钮。

② 触摸屏上设有"速度 1"至"速度 8"速度选择按钮、"启动"按钮和"停止"按钮。速度切换必须在电动机停止后才能进行。

③ "速度 1"至"速度 8"按钮给定的脉冲频率可设定为 500Hz、1000Hz、1500Hz、2000Hz、2500Hz、3000Hz、3500Hz、4000Hz。

④ 伺服驱动器的参数设置：电子齿轮比设置为 2000∶1。

根据以上控制要求，请完成以下工作任务：

（1）安装控制电路。

（2）编写 PLC 和触摸屏程序。

（3）调试控制电路。

项目四 电机控制与调速技术综合实训

某些场合中，在工艺技术基本相同、负载类别一致的情况下，单开一台泵无法达到工艺要求，需要同时开几台泵，为了节省投资，大多数厂家都会选择一拖多的工作形式，进行工频与变频的切换运行。

机床是由电动机拖动的，它的动作是通过电动机的各种运动形式实现的，控制了电动机就能实现对机床的控制。目前在工厂中应用 PLC 改造普通机床的情况非常普遍。

本项目通过完成变频与工频切换运行控制电路安装与调试、多台电动机运行控制电路安装与调试工作任务，来了解变频与工频切换的工作原理与应用场合，以提高机床控制电路工作原理图的识读能力，掌握多台电动机联合运行的自动控制技术，进一步提高变频器、PLC 等控制器件的综合应用水平。

任务 4-1 变频与工频切换运行控制电路安装与调试

工作任务

某三相交流异步电动机通过触摸屏控制 PLC 实现工频运行与变频运行的切换，电气控制电路原理图如图 4-1-1 所示。

触摸屏画面如图 4-1-2 所示。触摸屏共有三个画面：

第一画面为主界面。触摸屏上电后自动进入主界面。单击"三相异步电动机工频运行控制"按钮，触摸屏进入"三相异步电动机工频运行控制"界面；单击"三相异步电动机变频运行控制"，触摸屏进入"三相异步电动机变频运行控制"界面。

第二画面为三相异步电动机工频运行控制界面。当触摸屏进入"三相异步电动机工频运行控制"界面后，交流接触器 KM2 自动吸合，运行指示灯亮，调节三相调压器输出电压使异步电动机启动运行。按下"停止"按钮，使交流接触器 KM2 释放，电动机停止转动；按下"启动"按钮，KM2 再次吸合，电动机启动运行。

只有在 KM2 释放、电动机停止工作后，按下"返回主界面"按钮，触摸屏才能返回主界面。

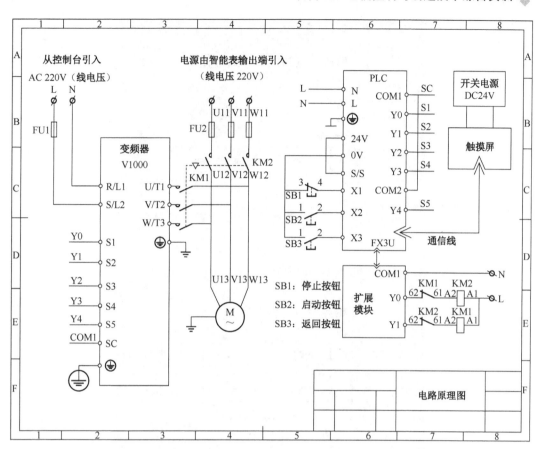

图 4-1-1　电气控制电路原理图

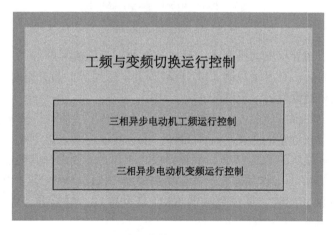

（a）触摸屏主界面

图 4-1-2　触摸屏画面

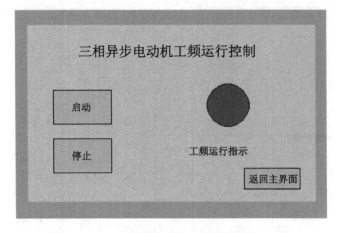

（b）三相异步电动机工频运行控制界面

（c）三相异步电动机变频运行控制界面

图 4-1-2　触摸屏画面（续）

　　第三画面为三相异步电动机变频运行控制界面。当触摸屏进入"三相异步电动机变频运行控制"界面后，交流接触器 KM1 自动吸合，触摸屏上的"速度 1"到"速度 8"按钮分别对应变频器设置的一个速度。

　　变频器控制电动机工作前，先选择速度按钮，再按下"启动"按钮或按钮盒模块的SB2 按钮，变频器按选定的速度运行。此时，按下其他速度按钮无效。只有在按下"停止"按钮或按钮盒模块的 SB1 按钮，变频器停止工作后才能选择其他速度。

　　只有在变频器停止工作后，按下"返回主界面"按钮，触摸屏才能返回到主界面。触摸屏返回主界面的同时，交流接触器 KM1 自动释放。触摸屏上各按钮地址请自行设定。

　　根据控制要求，请完成以下工作任务：

　　（1）正确选择电气元件并按图 4-1-3 所示的电气元件布置图排列、紧固安装。

　　（2）根据电气控制电路原理图安装控制电路，安装电路应符合工艺规范要求。

　　（3）编写 PLC、触摸屏程序，设置变频器相关参数。

　　（4）调试控制电路，实现控制要求的所有功能。

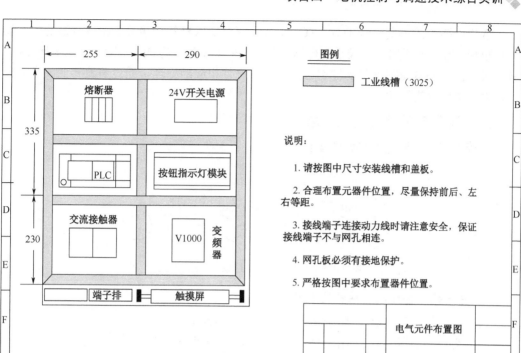

图 4-1-3　电气元件布置图

相关知识

一、变频与工频切换技术

随着电力电子技术的不断发展，变频器技术已日趋成熟，变频器的应用也越来越广泛，为企业改进生产工艺、提高劳动生产率、节约能源、减轻工人的劳动强度发挥着越来越积极的作用。

某些场合中，在工艺技术相同、负载类别一致的情况下，如水泵、风机等，单开一台泵或风机无法达到工艺要求，需要同时开几台泵或风机，为了节省投资，大多数厂家都选择一拖多的形式，即变频器先带一套系统工作，当达到全速，工艺条件仍达不到要求时，将运行的这套系统转到工频运行，变频器再去带另一套系统运行，以此类推，再去带第三套、第四套等，直到达到现场的工艺要求。

变频与工频切换技术采用同时检测变频输入侧与输出侧的相位的方法，首先检测频率到达信号，在达到频率设定值后，进行相位检测。通过工频与变频相位相加减法，找出彼此相位的最小值，再通过运算，与基准电压相比较，找出二者合适的交汇点，即为切换的最佳位置，然后驱动继电器动作，从而完成变频与工频的切换，如图 4-1-4 所示。

图 4-1-4　变频与工频切换技术原理图

取样电路由两个变压器 TC1、TC2 组成。两个变压器的初级分别接变频器的输入端与输出端,通过变压器变成较小的电压,而次级采用反串联方式,实际就是两电压相减,取其最小值作为本控制电路的控制对象,将其进行相应的处理,通过整流器变成直流信号,对外围电路进行控制。

二、变频与工频切换主电路

变频与工频切换主电路如图 4-1-5 所示。

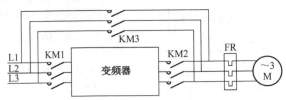

图 4-1-5　变频与工频切换主电路原理图

1．主电路中各交流接触器的作用

(1)交流接触器 KM1,用于将电源接到变频器的输入端;

(2)交流接触器 KM2,用于将变频器的输出端接到电动机;

(3)交流接触器 KM3,用于将工频电源直接接到电动机。

另外,电路接入热继电器 FR,用于工频运行时的过载保护。

2．切换的动作顺序

当变频与工频切换时,应先断开 KM2,使电动机脱离变频器。经适当延时后再合上 KM3,将电动机接到工频电源上。

由于变频器的输出端是不允许与电源相接通的,相互之间必须要有非常可靠的互锁。因此,要采取以下措施:

(1)在开始切换前,变频器首先把六个逆变管都封锁。

(2)对需要可靠互锁的 KM2 和 KM3,选用具有机械互锁的配对接触器。

(3)从 KM2 断开至 KM3 闭合之间,预置延迟时间。

3．基本要求

运行切换应该是从变频 50Hz 切换到工频 50Hz。如果切换前电动机的工作频率低于50Hz,切换前应将工作频率提升至基本频率或更高。此外,当 KM3 闭合、电动机接至工频电源时,电动机的转速不应下降过多,以防止产生较大的冲击电流。一般情况下,切换时的转速以不低于额定转速的 70%为宜。

三、变频与工频切换应用场合

需要变频与工频切换的场合一般有以下几种:

(1)故障切换

有些机械在运行过程中是不允许停机的,对于这些机械,当变频器发生故障跳闸时,应该立即自动切换成工频运行。

(2)程序切换

根据工艺特点,要求交替进行满频率运行和低速运行。从节能的角度出发,满频率运行时以切换为工频运行为宜。

（3）运行切换

终端用户为了节约投资，常常采用一台变频器控制多台变频器，如供水系统。

 完成工作任务指导

一、工具与器材准备

1．工具

活动扳手、内六角扳手、直角尺、游标卡尺、橡胶锤、钢锯、剪刀、螺钉旋具、剥线钳、压线钳等。

2．器材

实训台、计算机、万用表、兆欧表、钳形表、工业线槽、1.0mm² 红色和蓝色多股软导线、1.0mm² 黄绿双色 BVR 导线、0.75mm² 黑色和蓝色多股导线、冷压接头 SVϕ1.5-4、号码管、缠绕带、捆扎带，其他器材清单见表 4-1-1。

表 4-1-1 器材清单表

序 号	名 称	型号/规格	数 量
1	三相异步电动机	YS7124	1 台
2	单极熔断器	RT18-32 3P/熔体 6A	1 只
3	三极熔断器	RT18-32 3P/熔体 6A	1 只
4	可编程控制器	FX3U-32MT/ES-A	1 只
5	变频器	CIMR-VC(B)BA0003BBA	1 台
6	触摸屏	Smart700	1 只
7	按钮指示灯模块	—	1 只
8	接线端子排	TB-1512	3 条
9	安装导轨	C45	若干
10	通信线	—	3 条

二、控制电路安装

1．元器件选择与检测

根据图 4-1-1 所示电气控制电路原理图和表 4-1-1 所列器材清单表，正确选择本次工作任务所需的元器件，并对所有元器件的型号、外观及质量进行检测。

2．线槽和元器件安装

（1）线槽安装

根据图 4-1-3，将线槽牢固安装于实训台右侧钢质多网孔板上。

（2）元器件安装

将已检测好的元器件按图 4-1-3 所示的位置进行排列放置，并安装固定。

（3）电动机安装

三相异步电动机的安装方法和步骤与任务 1-1 相同。

3. 控制电路接线

根据电气控制电路原理图和电气元件布置图，按以下接线工艺规范要求完成：

（1）主电源与开关电源模块、PLC、变频器之间连接电路的接线；

（2）开关指示灯盒与 PLC 输入端子连接电路的接线；

（3）PLC 输出端子与变频器多功能输入端子连接电路的接线；

（4）DC 24V 开关电源与触摸屏电路连接；

（5）变频器、三极熔断器、交流接触器与三相异步电动机主电路的接线。

控制电路安装如图 4-1-6 所示。

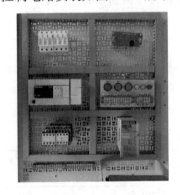
（a）元器件的安装

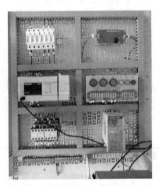
（b）连接好的电路板

图 4-1-6　控制电路的安装

三、触摸屏程序的编写

1. 设置按钮/指示灯变量

图 4-1-2 所示为触摸屏画面，其画面共有三页：第一页上有 2 个按钮，一个是"三相异步电动机工频运行控制"按钮；另一个是"三相异步电动机变频运行控制"按钮。第二页上有"启动""停止""返回主界面"共 3 个按钮，还有一个"工频运行指示"指示灯。第三页上有"速度 1"至"速度 8""启动""停止"及"返回主界面"按钮。根据控制要求，设置按钮/指示灯变量见表 4-1-2。

表 4-1-2　设置按钮/指示灯变量

序号	按钮/指示灯	变量	内部变量	序号	按钮/指示灯	变量	内部变量
1	停止	M0	—	8	速度 7	M7	内部变量-21
2	速度 1	M1	内部变量-15	9	速度 8	M8	内部变量-22
3	速度 2	M2	内部变量-16	10	启动	M9	内部变量-23
4	速度 3	M3	内部变量-17	11	工频运行检测	M10	—
5	速度 4	M4	内部变量-18	12	变频运行检测	M11	—
6	速度 5	M5	内部变量-19	13	返回主界面	M12	—
7	速度 6	M6	内部变量-20	14	工频运行指示	M13	—

2．建立变量表

在选择好通信驱动程序 Mitsubishi FX 后，建立变量表，见表 4-1-3。

表 4-1-3　变量表

名　称	连　接	数据类型	地　址	注　释
变量_1	连接_1	Bit	M0	停止按钮
变量_2	连接_1	Bit	M1	速度 1
变量_3	连接_1	Bit	M2	速度 2
变量_4	连接_1	Bit	M3	速度 3
变量_5	连接_1	Bit	M4	速度 4
变量_6	连接_1	Bit	M5	速度 5
变量_7	连接_1	Bit	M6	速度 6
变量_8	连接_1	Bit	M7	速度 7
变量_9	连接_1	Bit	M8	速度 8
变量_10	连接_1	Bit	M9	启动按钮
变量_11	连接_1	Bit	M10	工频运行检测按钮
变量_12	连接_1	Bit	M11	变频运行检测按钮
变量_13	连接_1	Bit	M12	返回主界面按钮
变量_14	连接_1	Bit	M13	工频运行指示灯
变量_15	<内部变量>	Bool	<没有地址>	速度 1 按钮动画标志
变量_16	<内部变量>	Bool	<没有地址>	速度 2 按钮动画标志
变量_17	<内部变量>	Bool	<没有地址>	速度 3 按钮动画标志
变量_18	<内部变量>	Bool	<没有地址>	速度 4 按钮动画标志
变量_19	<内部变量>	Bool	<没有地址>	速度 5 按钮动画标志
变量_20	<内部变量>	Bool	<没有地址>	速度 6 按钮动画标志
变量_21	<内部变量>	Bool	<没有地址>	速度 7 按钮动画标志
变量_22	<内部变量>	Bool	<没有地址>	速度 8 按钮动画标志
变量_23	<内部变量>	Bool	<没有地址>	启动标志

3．设置按钮组态

（1）自动切换画面按钮的组态设置

以"三相异步电动机工频运行控制"按钮为例说明设置的方法和步骤。

① 常规、属性及动画外观的组态设置。"三相异步电动机工频运行控制"按钮的常规文本设置、属性外观前景色/背景色设置、动画外观设置与普通按钮组态设置的方法相同。

② 事件的组态设置。根据控制要求按下此按钮，触摸屏画面自动切换至"三相异步电动机工频运行控制"画面中。因此，事件的组态设置应包括单击、按下、释放等内容，其设置方法如图 4-1-7 所示。

"三相异步电动机变频运行控制"按钮的组态设置与上相同。

（a）事件设置—单击功能

（b）事件设置—按下功能

（c）事件设置—释放功能

图 4-1-7　自动切换画面按钮组态设置

（2）返回主界面按钮的组态设置

① 常规、属性及动画外观的组态设置。"返回主界面"按钮的常规文本设置、属性外观前景色/背景色设置、动画外观设置与普通按钮组态设置的方法相同。其中，动画外观组态的设置如图 4-1-8（a）所示。

② 动画启用对象的组态设置。根据控制要求只有按下"停止"按钮后，再按下"返回主界面"按钮，触摸屏画面才能切换至触摸屏主界面中。因此，动画的组态设置应包括动画启用对象的设置，其设置的方法如图 4-1-8（b）所示。

③ 事件的组态设置。设置单击、按下、释放的内容，其设置方法如图 4-1-8（c）～（e）所示。

（3）其他按钮的组态设置

其他按钮组态的设置方法及步骤与任务 1-4 相同。

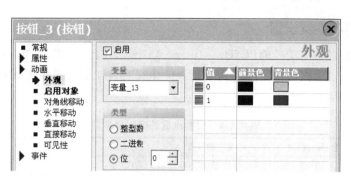

（a）动画设置—外观

（b）动画设置—启用对象

（c）事件设置—单击功能

（d）事件设置—按下功能

（e）事件设置—释放功能

图 4-1-8　返回主界面按钮组态设置

四、变频器参数设置

根据任务要求，电动机能以 5Hz、10Hz、15Hz、20Hz、25Hz、30Hz、40Hz、50Hz 八种频率运行，电动机启动时间设为 4.0s；停止时间为 1.5s。需要设置的变频器参数见表 4-1-4。

表 4-1-4 需要设置的变频器参数

序 号	参 数 代 号	参 数 值	说 明
1	A1-03	2220	初始化
2	b1-01	1	频率指令（出厂设置）
3	b1-02	1	运行指令（出厂设置）
4	c1-01	4.0	加速时间
5	c1-02	1.5	减速时间
6	H1-01	40	S1 端子选择：正转指令（出厂设置）
7	H1-02	41	S2 端子选择：反转指令（出厂设置）
8	H1-03	3	S3 端子选择：多段速指令 1
9	H1-04	4	S4 端子选择：多段速指令 2
10	H1-05	5	S5 端子选择：多段速指令 3
11	d1-01	5	频率指令 1
12	d1-02	10	频率指令 2
13	d1-03	15	频率指令 3
14	d1-04	20	频率指令 4
15	d1-05	25	频率指令 5
16	d1-06	30	频率指令 6
17	d1-07	40	频率指令 7
18	d1-08	50	频率指令 8
19	H1-06	F	端子未被使用（避免与 S4 端子冲突）

五、PLC 程序的编写

1. 画工作流程图

分析控制要求，工作过程可分为三个画面进行，工作流程图如图 4-1-9 所示。

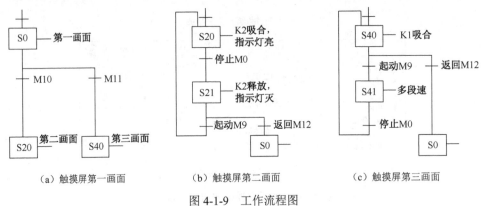

（a）触摸屏第一画面　　　（b）触摸屏第二画面　　　（c）触摸屏第三画面

图 4-1-9 工作流程图

2．编写 PLC 控制程序

根据所画出的流程图的特点，确定编程思路。本次任务要求的工作过程是由触摸屏第一画面中的两个按钮决定进入第二画面或第三画面。第二画面和第三画面均有"返回主界面"按钮，能使画面返回主界面。步进指令的梯形图程序如图 4-1-10 所示。

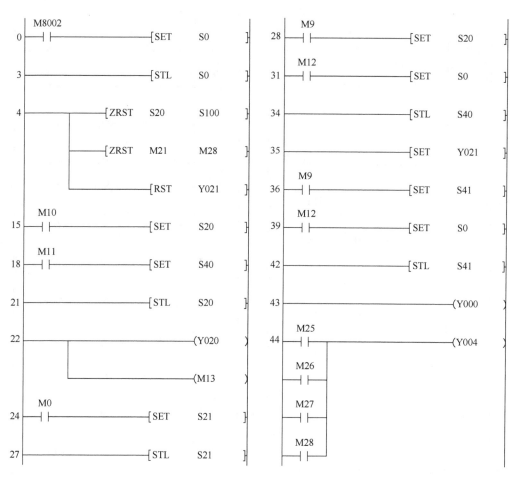

图 4-1-10　步进指令梯形图程序

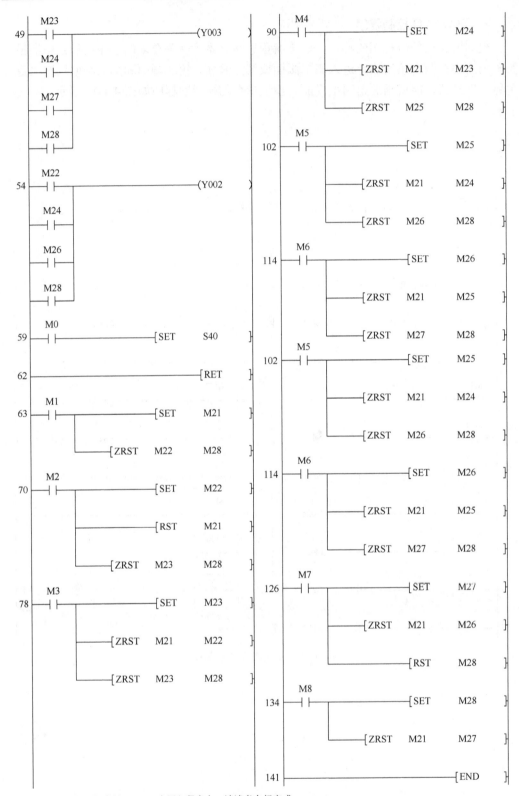

注：按钮开关指示灯盒的 S1～S3 未写入程序中，请读者自行完成。

图 4-1-10　步进指令梯形图程序（续）

六、控制电路的调试

检查电路正确无误后，将设备电源控制单元的三相220V和单相220V两种电源连接到控制电路板端子排上。电源控制单元面板图如图4-1-11所示。

图4-1-11　电源控制单元面板图

接通电源总开关，按下电源启动按钮，下载触摸屏及PLC程序，按照工作任务描述按下"三相异步电动机工频运行控制"按钮，检查触摸屏画面是否切换至第二画面；按下"三相异步电动机变频运行控制"按钮，检查触摸屏画面是否切换至第三画面；检查第二、第三画面中的各个按钮，是否符合工作过程的要求。

七、工作任务评价表

请填写变频与工频切换运行控制电路安装与调试工作任务评价表，见表4-1-5。

表4-1-5　变频与工频切换运行控制电路安装与调试工作任务评价表

序号	评价内容	配分	评价细则	学生评价	老师评价
1	工具与器材准备	10	（1）工具少选或错选，扣2分/个； （2）元器件少选或错选，扣2分/个		
2	电路安装	40	（1）元器件检测不正确或漏检，扣2分/个； （2）工业线槽不按尺寸安装或安装不规范、不牢固，扣5分/处； （3）元器件不按图纸位置安装或安装不牢固，扣2分/只； （4）电动机安装不到位或不牢固，扣10分； （5）不按电气控制电路原理图接线，扣20分； （6）接线不符合工艺规范要求，扣2分/条； （7）损坏导线绝缘层或线芯，扣3分/条； （8）导线不套号码管或不按图纸编号，扣1分/处		
3	电路调试	40	（1）通电试车前未做电路检查工作，扣15分； （2）电路未做绝缘电阻检测，扣20分； （3）万用表使用方法不当，扣5分/次； （4）通电试车不符合控制要求，扣10分/项； （5）通电试车时，发生短路跳闸现象，扣10分/次		
4	职业与安全意识	10	（1）未经允许擅自操作或违反操作规程，扣5分/次； （2）工具与器材等摆放不整齐，扣3分； （3）损坏器件、工具或浪费材料，扣5分； （4）完成工作任务后，未及时清理工位，扣5分； （5）严重违反安全操作规程，取消考核资格		
	合计	100			

思考与练习

一、填空题

1. 随着_____技术的不断发展，变频器的应用越来越广泛，为企业改进生产工艺、提高_____、_____、减轻工人的劳动强度发挥着越来越积极的作用。

2. 变频与工频切换控制装置一般由_____、_____、_____、_____、_____、_____等依次串联组成。

3. 如图 4-1-5 所示的变频与工频切换主电路中，各交流接触器的作用分别是：

（1）KM1：_____；

（2）KM2：_____；

（3）KM3：_____。

二、简答题

1. 有哪些场合需要进行变频与工频的切换？
2. 在变频与工频切换主电路中，为什么要接入热继电器？
3. 在变频与工频切换主电路中，交流接触器的动作顺序如何？
4. 变频与工频切换过程中，有什么基本要求？

三、实训报告

1. 实训内容与目标。
2. 绘制电气控制电路原理图。
3. 实训设备功能的概述。
4. 实训总结。

任务 4-2　多台电动机运行控制电路安装与调试

工作任务

图 4-2-3 所示为采用 PLC 控制的摇臂钻床（部分改造）。设备上电后，自动回到初始位置（此过程无须考虑），主轴箱碰压着行程开关 SB3。在工件安装好后，按下启动按钮 SB2，延时 5s 后，主轴箱由伺服电动机 M1 拖动以低速正转向右移动 8cm 停止。在主轴箱停止的同时，主轴电动机 M2 以第一段速正转启动，3s 后开始钻孔加工；加工时，主轴进给电动机 M3 以低速正转驱动主轴下降，下降 2cm 后停止，钻孔完毕。当钻孔结束时，主轴电动机 M2 停止转动，2s 后以第二段速反转，同时主轴进给电动机 M3 以高速反转驱动主轴上升 2cm；上升到位后，电动机 M2、M3 同时停止转动。2s 后，伺服电动

机 M1 以高速反转拖动主轴箱向左移动 4cm 停止，返回设备初始位置（压着行程开关 SB3），钻孔加工过程结束。

在设备运行过程中，需要停止或发生紧急情况时可按下停止按钮 SB1，设备将立刻停止工作，然后必须手动使其回到初始位置后，才能再进行加工。

已知：变频器第一段速为 30Hz，第二段速为 50Hz；加、减速时间均为 1s。伺服电动机每转一圈，带动主轴箱移动 1cm；低速时脉冲频率为 1000Hz，高速时脉冲频率为 2000Hz，电子齿轮比设置为 20。步进电动机每转一圈，带动主轴进给 0.5cm；低速时脉冲频率为 400Hz，高速时脉冲频率为 800Hz。步进驱动器设置为 4 细分，输出电流设置为 1.5A。

根据控制要求，请完成以下工作任务：

（1）正确选择电气元件并按图 4-2-1 所示的电气元件布置图排列、紧固安装。

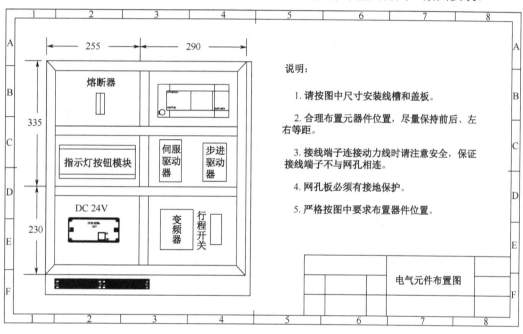

图 4-2-1 电气元件布置图

（2）按图 4-2-2 所示的电气控制电路原理图安装控制电路，安装电路符合工艺规范要求。

（3）编写 PLC 程序，设置伺服驱动器、步进驱动器及变频器的相关参数。

（4）调试控制电路，实现控制要求的所有功能。

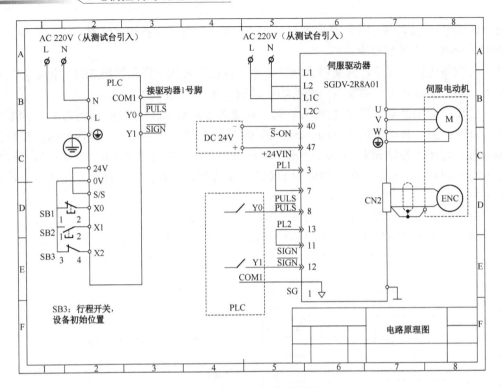

（a）伺服电动机控制电路原理图

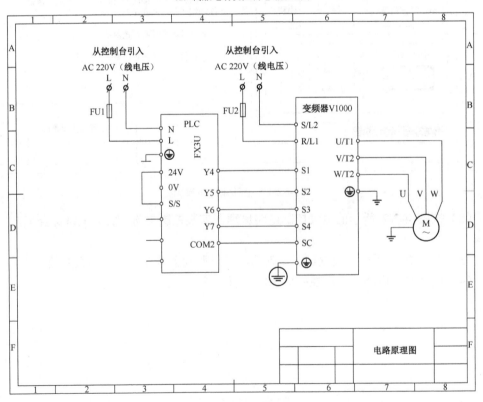

（b）三相异步电动机控制电路原理图

图 4-2-2　电气控制电路原理图

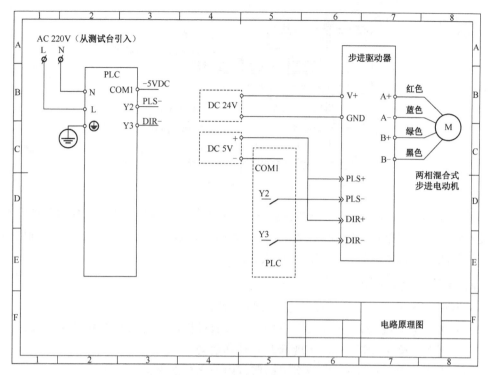

（c）步进电动机控制电路原理图

图 4-2-2 电气控制电路原理图（续）

 **相关知识**

机床经过一百多年的发展，结构不断改进，性能不断提高，很大程度上取决于电机拖动与控制系统的更新。变频技术的快速发展，使异步电动机实现了无极调速，对机床的传动、性能与结构产生了变革性的影响。电动机控制系统应用了计算机技术后，使机床的自动化程度、加工效率、加工精度、可靠性不断提高。

一、Z3040 型摇臂钻床

摇臂钻床属于立式钻床，能进行多种形式的机械加工，可以钻孔、扩孔、铰孔、镗孔、刮平面及攻螺纹等。

1. 基本结构与运动形式

（1）基本结构

Z3040 型摇臂钻床的基本结构如图 4-2-3 所示。它主要包括底座、内外立柱、摇臂、主轴箱和工作台等。加工时，工件可装在工作台上，钻头装在主轴上。主轴箱装在摇臂上，可沿摇臂的水平导轨做径向移动；摇臂另一端套在外立柱上，由摇臂升降电动机驱动，沿外立柱上下移动；而外立柱套在内立柱上，可绕内立柱做 360° 回转。

（2）运动形式

① 主运动。主轴带着钻头或刀具的旋转运动。

② 进给运动。主轴的垂直运动（手动或自动）

163

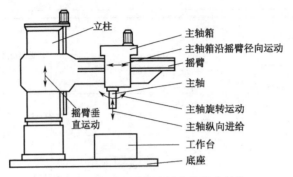

图 4-2-3　Z3040 型摇臂钻床的基本结构

③ 辅助运动。辅助运动用来调整主轴（刀具）与工件纵向、横向的相对位置及相对高度。辅助运动包括摇臂的升降、外立柱回旋运动和主轴箱的水平移动。在做辅助运动时，相应的夹紧机构应松开，完成后再夹紧。

2．电动机拖动与控制要求

X 型摇臂钻床由四台电动机拖动，它们分别是：

（1）主轴电动机 M1，主要实现主轴旋转并通过机械传动机构变速和正/反转；

（2）摇臂升降电动机 M2，实现摇臂的升降运动；

（3）液压泵电动机 M3，主要实现摇臂、内外立柱的夹紧和松开；

（4）冷却泵电动机 M4，提供切削液。

二、机床电气控制电路设计的基本内容

任何机床电气控制系统的设计都包含两个基本方面：一是满足生产机械和工艺的各种控制要求；二是满足电气控制装置本身的制造、使用及维修的需要。机床电气控制电路设计的基本内容包括原理设计和工艺设计两个方面。

1．原理设计的内容

（1）拟定电气控制电路设计任务书。

（2）选择拖动方案、控制形式及电动机类型。

（3）设计并绘制电气控制电路原理图，选择电气元器件。

（4）对原理图各连接点进行编号。

（5）编写设计说明书。

2．工艺设计的内容

（1）绘制电气设备总装接线图。

（2）设计并绘制电气元件布置图。

（3）设计并绘制电气元器件的接线图。

（4）设计并绘制电气控制箱。

（5）列出所用各类元器件及材料清单表。

（6）编写设计说明书和使用维护说明书。

三、PLC 改造普通机床实例

目前，在工厂中应用 PLC 改造普通机床的情况非常普遍。应用 PLC 改造普通机床，一般从两方面考虑：一方面是控制逻辑不做变更时，从分析原继电接触器控制系统的控制逻辑入手进行改造；另一方面是控制逻辑需要做较大变更时，则可按生产工艺控制要求→工艺流程图→PLC 控制流程图→PLC 梯形图进行改造。

现在对图 4-2-4 所示的 Z3040 型摇臂钻床（局部）进行 PLC 改造，即应用 PLC 控制主轴箱的水平移动、主轴的旋转运动、主轴的进给运动，分别由交流伺服电动机 M1、三相异步电动机 M2、步进电动机 M3 进行拖动。

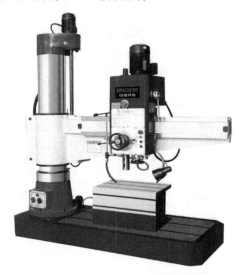

图 4-2-4 Z3040 型摇臂钻床

1．控制要求

（1）主轴箱的水平移动

要求交流伺服电动机 M1 能实现正/反转，且运动速度可变，拖动主轴箱沿摇臂的水平导轨做径向移动，停止位置精确。

（2）主轴的旋转运动

要求三相异步电动机 M2 能实现正/反转，且运动速度可变，由变频器驱动，拖动主轴旋转。

（3）主轴的进给运动

要求步进电动机 M3 能实现正/反转，且运动速度可变，拖动主轴的进给运动，对工件进行钻孔加工。

2．控制电路原理图

交流伺服电动机 M1、三相异步电动机 M2、步进电动机 M3 电气控制电路原理图如图 4-2-2 所示。

完成工作任务指导

一、工具与器材准备

1．工具

活动扳手、内六角扳手、直角尺、游标卡尺、橡胶锤、钢锯、剪刀、螺钉旋具、剥线钳、压线钳等。

2．器材

实训台、计算机、万用表、兆欧表、钳形表、工业线槽、1.0mm² 红色和蓝色多股软导线、1.0mm² 黄绿双色 BVR 导线、0.75mm² 黑色和蓝色多股导线、冷压接头 SVϕ1.5-4、号码管、缠绕带、捆扎带，其他器材清单见表 4-2-1。

表 4-2-1　器材清单表

序　号	名　　　称	型号/规格	数　　量
1	三相异步电动机	YS7124	1 台
2	交流伺服电动机	SGMJV-04ADE6S	1 台
3	步进电动机	步科 2S56Q-02976	1 台
4	变频器	CIMR-VC(B)BA0003BBA	1 台
5	伺服驱动器	SGDV-2R8A01A	1 只
6	步进驱动器	步科 2M530	1 只
7	可编程控制器	FX3U-32MT/ES-A	1 只
8	单极熔断器	RT18-32 3P/熔体 6A	2 只
9	按钮指示灯模块	—	1 只
10	接线端子排	TB-1512	3 条
11	安装导轨	C45	若干
12	信号线	—	若干
13	DC 24V 电源模块	—	1 只

二、控制电路安装

1．元器件选择与检测

根据图 4-2-2 所示电气控制电路原理图和表 4-2-1 所列器材清单表，正确选择本次工作任务所需的元器件，并对所有元器件的型号、外观及质量进行检测。

2．线槽和元器件安装

（1）线槽安装

根据图 4-2-1，将线槽牢固安装于实训台右侧钢质多网孔板上。

（2）元器件安装

将已检测好的元器件按图 4-2-1 所示的位置进行排列放置，并安装固定。

（3）电动机安装（略）

3．控制电路接线

根据图 4-2-2，按接线工艺规范要求完成控制电路的接线。

控制电路的安装如图 4-2-5 所示。

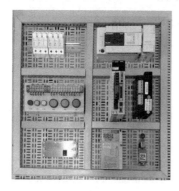

（a）元器件的安装

（b）连接好的电路板

图 4-2-5　控制电路的安装

三、变频器参数设置

需要设置的变频器参数见表 4-2-2。

表 4-2-2　需要设置的变频器参数

序　号	参 数 代 号	参 数 值	说　　　明
1	A1-03	2220	初始化
2	b1-01	1	频率指令（出厂设置）
3	b1-02	1	运行指令（出厂设置）
4	c1-01	1.0	加速时间
5	c1-02	1.0	减速时间
6	H1-01	40	S1 端子选择：正转指令（出厂设置）
7	H1-02	41	S2 端子选择：反转指令（出厂设置）
8	H1-03	3	S3 端子选择：多段速指令 1
9	H1-04	4	S4 端子选择：多段速指令 2
10	d1-02	30	频率指令 2
11	d1-03	50	频率指令 3
12	H1-05	F	端子未被使用（避免与 S3 端子冲突）
13	H1-06	F	端子未被使用（避免与 S4 端子冲突）

四、PLC 程序的编写

步进指令的梯形图程序，请读者自行编写。

五、控制电路的调试

检查电路正确无误后，将设备电源接通。

（1）设置变频器参数、伺服驱动器参数和步进驱动器参数；

（2）下载 PLC 程序；

（3）按下启动按钮 SB2，观察设备运行过程是否符合控制要求；

（4）设备运行中，按下停止按钮 SB1，观察设备是否立刻停止；

（5）完成调试后，关闭电源，整理实训设备。

六、工作任务评价表

请填写多台电动机运行控制电路安装与调试工作任务评价表，见表 4-2-3。

表 4-2-3　多台电动机运行控制电路安装与调试工作任务评价表

序号	评价内容	配分	评价细则	学生评价	老师评价
1	工具与器材准备	10	（1）工具少选或错选，扣 2 分/个； （2）元器件少选或错选，扣 2 分/个		
2	电路安装	40	（1）元器件检测不正确或漏检，扣 2 分/个； （2）工业线槽不按尺寸安装或安装不规范、不牢固，扣 5 分/处； （3）元器件不按图纸位置安装或安装不牢固，扣 2 分/只； （4）电动机安装不到位或不牢固，扣 10 分； （5）不按电气控制电路原理图接线，扣 20 分； （6）接线不符合工艺规范要求，扣 2 分/条； （7）损坏导线绝缘层或线芯，扣 3 分/条； （8）导线不套号码管或不按图纸编号，扣 1 分/处		
3	电路调试	40	（1）通电试车前未做电路检查工作，扣 15 分； （2）电路未做绝缘电阻检测，扣 20 分； （3）万用表使用方法不当，扣 5 分/次； （4）通电试车不符合控制要求，扣 10 分/项； （5）通电试车时，发生短路跳闸现象，扣 10 分/次		
4	职业与安全意识	10	（1）未经允许擅自操作或违反操作规程，扣 5 分/次； （2）工具与器材等摆放不整齐，扣 3 分； （3）损坏器件、工具或浪费材料，扣 5 分； （4）完成工作任务后，未及时清理工位，扣 5 分； （5）严重违反安全操作规程，取消考核资格		
	合计	100			

思考与练习

一、填空题

1. 机床的发展，很大程度上取决于电动机_____与电动机控制系统的更新。变频技术的快速发展，使异步电动机实现了_____调速。电动机控制系统应用了计算机技术后，使机床的_____程度、加工_____、加工_____、可靠性不断提高。

2. 摇臂钻床属于_____钻床，可以_____、扩孔、铰孔、镗孔、刮平面及攻螺纹等。其结构主要包括_____、_____、_____、_____和工作台。

3. 任何机床电气控制系统的设计都包含两个基本方面：一是满足_____和_____的各种控制要求；二是满足_____本身的制造、使用及维修的需要。

二、简答题

1. Z3040 型摇臂钻床的电动机拖动运动形式是什么？

2. 本次工作任务中，摇臂钻床采用 PLC 控制，是指哪些部分？

三、实训报告

1. 实训内容与目标。

2. 绘制电气控制电路原理图。

3. 实训设备功能的概述。

4. 实训总结。

附录 YL-163A型电动机装配与运行检测实训考核装置

YL-163A 型电动机装配与运行检测实训考核装置，综合了企业电动机装配、运行检测的实际工作场景，在满足学校多层次电动机装配与运行检测教学和实训考核需要的基础上，强化了多种电动机制作和电气控制方式，使其具有比以往实训教学设备更加完善的配置和更为完整的功能。通过装配调整和负载的变化，真实地反映了电动机的装配和工业控制、拖动的过程。

设备外观

YL-163A 型电动机装配与运行检测实训考核装置总体外观如附录图-1 所示。

电动机装配单元

电源控制单元

三相调压器

实训台下柜

电气控制安装单元（钢质多网孔板结构）

附录图-1　设备外观图

实训考核装置分为 5 个部分：

① 电动机装配单元。该单元上面装有转速、转矩测量及加载机构，可根据具体测量的要求将测试电动机与测量机构对接。

② 电源控制单元。该单元采用抽屉式结构，平时藏于实训台内，使用时将抽屉拉出即可。

③ 三相交流调压器。根据对电源的不同需求可逆时针调节减小或顺时针调节增大输出，调节范围为 AC 0～420V。输出端在电源控制单元中，其值可通过多功能仪表进行监测。

④ 实训台下柜。该柜为双层结构，可放工具及电动机安装配件等。

⑤ 电气控制安装单元。由网孔挂板及支撑机构组成，进行电气安装时可将其展开，平时可以将安装板靠在实训台侧面。

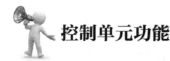 **控制单元功能**

一、电源控制单元

电源控制单元功能布局如附录图-2 所示。

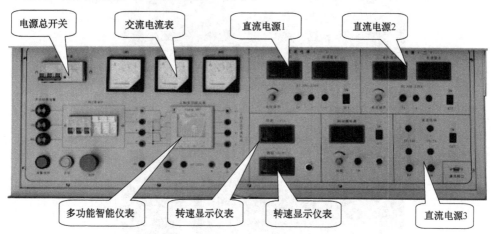

附录图-2 电源控制单元功能布局图

电源控制单元主要功能有：

① 电源总开关。将电源总开关向上扳，仪表电源接通，这时所有的仪表均打开。

② 交流电流表。交流电流表为指针式仪表，显示三相负载的线电流。

③ 多功能智能仪表。多功能智能仪表可显示三相负载的线电流、相电压、功率因数、有功功率和无功功率等物理量。

④ 直流电源 1 和直流电源 2。直流电源 1 和直流电源 2 是参数相同的两组电源，通过调节电位器的大小控制输出 DC 30～220V 电源。面板有独立的电压表及电流表对每组电源进行监视。

⑤ 直流电源 3。直流电源 3 为 DC 5V、DC 24V 两种固定电源，一般作为控制器的辅助电源。

⑥ 磁粉制动器电源。制动器电源需要通过专用的连接线与磁粉制动器连接，当需要给电动机增加负载时，慢慢调节面板电位器，加大电流输出（在电动机高速运行时禁止瞬间加大制动器电流）。

⑦ 扭矩表及转速表。通过专用的连接线与扭矩传感器对接，在电动机旋转时，可通过转速表和扭矩表显示转速和转矩值。

除此之外，电源控制单元还可提供固定三相交流电源 AC 380V、单相交流电源 AC 220V、可调三相交流电源。

二、电气控制安装单元

电气控制安装单元器件布局如附录图-3 所示。

YL-163A 设备所配置的电气控制单元有：

① 三相熔断器、三极熔断器、单极熔断器。

② 交流接触器、热继电器、时间继电器等。

③ 西门子触摸屏、三菱可编程控制器、安川变频调速控制器。

④ 步科步进驱动器、森创直流无刷驱动器、安川交流伺服驱动器。

⑤ 按钮开关及指示灯盒、电源接线端子排。

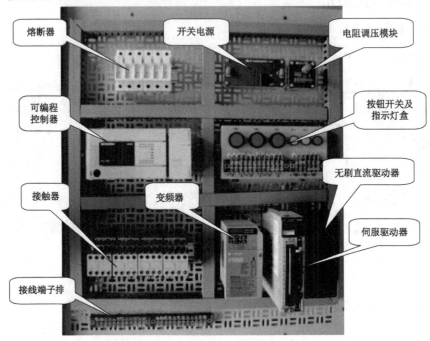

附录图-3　电气控制安装单元器件布局图

三、电动机机组安装测试台

测试台如附录图-4 所示，主要包括以下部件：

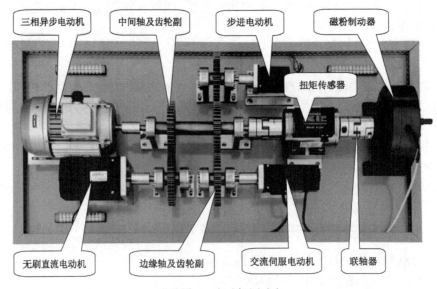

附录图-4　电动机测试台

① 三相交流异步电动机。该电动机为笼形电动机，绕组为三角形接法，工作电压为 220V。

② 他励直流电动机。电枢绕组及励磁绕组的额定电压均为 DC 220V。

③ 特种电动机。特种电动机指两相混合式步进电动机、交流伺服电动机、无刷直流电动机。

④ 传动轴及齿轮副。机械传动通常是指做回转运动的摩擦传动和啮合传动。

⑤ 联轴器。常用联轴器根据构造分为刚性联轴器、挠性联轴器和安全联轴器。

机械安装工艺规范要求

机械装配工艺规范要求如下：

① 电动机与电动机支架的安装要安全可靠，安装后的电动机不能有晃动、安装螺钉不应有松动等现象。

② 轴承、轴承座、齿轮副安装方法应符合工艺步骤和规范，安装后的轴承座、轴承端盖螺钉不应有松动现象。

③ 轴承、轴承座、齿轮副、电动机与电动机支架应在所设定的装配区进行安装，轴键、线槽的制作应远离电气安装区。

④ 电动机与传动轴中间应选择合适的弹性联轴器，安装后的联轴器轴深应使两个被连接体均能可靠地安装在相应的安装位置，调整好轴深后，联轴器应与所连接的轴体固定锁紧，弹性垫松紧合适。

⑤ 所安装的传动系统（电动机、传动轴、扭矩传感器等）同轴度合适，系统运行平稳、灵活、无明显的阻滞和机械振动。

⑥ 所安装的传动机构各零部件，不应有明显轴向串动和纵向跳动，所安装的各零部件在安装前要进行必要的测量，其数据应填写在记录表中。

参 考 文 献

[1] 庄汉清. 电机装配与运行检测技术. 北京：电子工业出版社，2015.

[2] 陈定明. 电动机与控制. 北京：高等教育出版社，2004.

[3] 许顺隆，许朝阳. 轻松学电动机. 北京：中国电力出版社，2008.

[4] 沈学勤. 极限配合与技术测量. 北京：高等教育出版社，2008.

[5] 刘刚，王志强，房建成. 永磁无刷直流电动机控制技术与应用. 北京：机械工业出版社，2008.

[6] 郭晓波. 电动机与电力拖动. 北京：北京航空航天大学出版社，2007.

[7] 杜晋. 机床电气控制与 PLC（三菱）. 北京：机械工业出版社，2015.

[8] 陶运道. 机电设备电气控制与维修. 北京：机械工业出版社，2013.

[9] 亚龙教育装备股份有限公司. 亚龙 YL-163A 型电动机装配与运行检测实训考核装置说明书.

[10] V1000 使用手册.

[11] 安川伺服驱动器使用手册.

[12] 西门子触摸屏使用说明书.